VIAJES EN EL TIEMPO Y PARADOJAS TEMPORALES

DAVID SANDUA

Viajes en el tiempo y paradojas temporales.
© David Sandua 2024. All rights reserved.
eBook & Paperback Edition.

"El tiempo es una ilusión que sólo cobra vida cuando intentamos doblegarlo".

Dra. Amelia Reynolds, física cuántica.

ÍNDICE

I. INTRODUCCIÓN A LOS VIAJES EN EL TIEMPO 13
    DEFINICIÓN Y BASE TEÓRICA 14
    PERSPECTIVAS HISTÓRICAS DE LOS VIAJES EN EL TIEMPO 15
    IMPORTANCIA DE LOS VIAJES EN EL TIEMPO EN LA FÍSICA TEÓRICA 16

II. EL CONCEPTO DE TIEMPO EN LA FÍSICA 17
    EL TIEMPO ABSOLUTO NEWTONIANO 18
    LA TEORÍA DE LA RELATIVIDAD DE EINSTEIN Y LA DILATACIÓN DEL TIEMPO 19
    LA MECÁNICA CUÁNTICA Y EL TIEMPO 20

III. LA RELATIVIDAD GENERAL 21
    LOS AGUJEROS DE GUSANO Y SUS PROPIEDADES 22
    EL CONCEPTO DE CURVAS CERRADAS SEMEJANTES EN EL TIEMPO 23
    MODELOS TEÓRICOS QUE PERMITEN VIAJAR EN EL TIEMPO 24

IV. LA PARADOJA DEL ABUELO 25
    EXPLICACIÓN DE LA PARADOJA 26
    IMPLICACIONES PARA LA CAUSALIDAD 27
    INTERPRETACIONES FILOSÓFICAS 28

V. LA PARADOJA DE BOOTSTRAP 29
    DEFINICIÓN Y EJEMPLOS 30
    CONSECUENCIAS PARA EL CONCEPTO DE ORIGINALIDAD 31
    RESOLUCIONES EN FÍSICA TEÓRICA 32

VI. LA PARADOJA DE LOS GEMELOS 33
    LA DILATACIÓN DEL TIEMPO EN LA RELATIVIDAD ESPECIAL 34
    LA PARADOJA EXPLICADA 35
    RESOLVER LA PARADOJA CON LA RELATIVIDAD GENERAL 36

VII. EL PRINCIPIO DE AUTOCONSISTENCIA DE NOVIKOV 37
    EXPLICACIÓN DEL PRINCIPIO 38
    IMPLICACIONES PARA LAS PARADOJAS DE LOS VIAJES EN EL TIEMPO 39
    CRÍTICAS Y CONTRAARGUMENTOS 40

VIII. LA MECÁNICA CUÁNTICA 41
    EL ENTRELAZAMIENTO CUÁNTICO Y EL ORDEN TEMPORAL 42
    LA INTERPRETACIÓN DE MUCHOS MUNDOS 43
    TUNELIZACIÓN CUÁNTICA A TRAVÉS DEL TIEMPO 44

IX. LA CONJETURA DE PROTECCIÓN DE LA CRONOLOGÍA 45
    LA HIPÓTESIS DE HAWKING 46
    APOYO TEÓRICO Y PRUEBAS 47
    DESAFÍOS A LA CONJETURA 48

X. LA CULTURA POPULAR 49
    INFLUENCIA EN LA PERCEPCIÓN PÚBLICA 50
    TEMAS Y NARRATIVAS COMUNES 51
    IMPACTO EN LA COMUNICACIÓN CIENTÍFICA 52

XI. ASPECTOS FILOSÓFICOS DE LOS VIAJES EN EL TIEMPO 53
    LA NATURALEZA DEL TIEMPO 54

CONSIDERACIONES ÉTICAS SOBRE LA ALTERACIÓN DEL PASADO 55
EL CONCEPTO DE LIBRE ALBEDRÍO EN LOS ESCENARIOS DE VIAJES EN EL TIEMPO 56

XII. LA POSIBILIDAD DE BUCLES TEMPORALES 57
DEFINICIÓN Y CARACTERÍSTICAS 58
EL PAPEL DE LOS BUCLES TEMPORALES EN LA RESOLUCIÓN DE PARADOJAS 59
EJEMPLOS EN LA FICCIÓN Y LA TEORÍA 60

XIII. LA TEORÍA DEL MULTIVERSO 61
EXPLICACIÓN DEL MULTIVERSO 62
IMPLICACIONES DE LOS VIAJES EN EL TIEMPO 63
CRÍTICAS AL ENFOQUE DEL MULTIVERSO 64

XIV. LAS PARADOJAS DE LA INFORMACIÓN 65
LA TRANSFERENCIA DE INFORMACIÓN A TRAVÉS DEL TIEMPO 66
PARADOJAS DERIVADAS DEL INTERCAMBIO DE INFORMACIÓN 67
LIMITACIONES TEÓRICAS DE LAS PARADOJAS DE LA INFORMACIÓN 68

XV. LA FLECHA DEL TIEMPO 69
TIEMPO TERMODINÁMICO Y ENTROPÍA 70
LA PERCEPCIÓN PSICOLÓGICA DE LA DIRECCIÓN DEL TIEMPO 71
LA FLECHA DEL TIEMPO EN COSMOLOGÍA 72

XVI. AGUJEROS NEGROS 73
LA ESTRUCTURA DE LOS AGUJEROS NEGROS 74
EL PASO TEÓRICO A TRAVÉS DE LOS AGUJEROS NEGROS 75
LIMITACIONES Y PELIGROS 76

XVII. EL PAPEL DE LA CAUSALIDAD EN LOS VIAJES EN EL TIEMPO 77
EL PRINCIPIO DE CAUSALIDAD 78
VIOLACIONES DE LA CAUSALIDAD Y SUS IMPLICACIONES 79
MECANISMOS TEÓRICOS PARA PRESERVAR LA CAUSALIDAD 80

XVIII. LA VELOCIDAD DE LA LUZ 81
EL LÍMITE DE VELOCIDAD CÓSMICA 82
PARTÍCULAS HIPOTÉTICAS Y VIAJES SUPERLUMÍNICOS 83
EL MOTOR DE ALCUBIERRE Y LAS BURBUJAS FACTORIALES 84

XIX. EXPERIMENTOS TEÓRICOS SOBRE LOS VIAJES EN EL TIEMPO 85
EXPERIMENTOS MENTALES SOBRE LOS VIAJES EN EL TIEMPO 86
EXPERIMENTOS PRÁCTICOS Y OBSERVACIONES 87
EL PAPEL DE LA EXPERIMENTACIÓN EN EL AVANCE DE LA TEORÍA 88

XX. LA COMPLEJIDAD COMPUTACIONAL 89
LOS VIAJES EN EL TIEMPO EN LOS MODELOS COMPUTACIONALES 90
EL PROBLEMA P VS NP EN UN CONTEXTO DE LOS VIAJES EN EL TIEMPO 91
EL IMPACTO DE LOS VIAJES EN EL TIEMPO EN LA TEORÍA COMPUTACIONAL 92

XXI. EL PRINCIPIO ANTRÓPICO 93
DEFINICIÓN DEL PRINCIPIO ANTRÓPICO 94
SU APLICACIÓN A LOS ESCENARIOS DE VIAJES EN EL TIEMPO 95
CRÍTICAS AL RAZONAMIENTO ANTRÓPICO EN LOS VIAJES EN EL TIEMPO 96

XXII. EL FIN DEL UNIVERSO 97
EL DESTINO FINAL DEL UNIVERSO 98
LOS VIAJES EN EL TIEMPO CERCA O DESPUÉS DEL FIN DE LOS TIEMPOS 99
CONSTRUCCIONES TEÓRICAS DEL TIEMPO EN UN UNIVERSO FINITO 100

XXIII. LOS EFECTOS PSICOLÓGICOS DE LOS VIAJES EN EL TIEMPO 101

    Percepción y experiencia humanas del tiempo 102
    El impacto mental del desplazamiento en el tiempo 103
    Mecanismos de afrontamiento de la desorientación temporal 104

XXIV. REVISIONISMO HISTÓRICO 105
    El atractivo de alterar la historia 106
    El impacto potencial en el presente 107
    Consideraciones éticas sobre el cambio del pasado 108

XXV. LA ECONOMÍA DE LOS VIAJES EN EL TIEMPO 109
    Los sistemas económicos potenciales que implican los viajes en el tiempo 110
    Los viajes en el tiempo y la asignación de recursos 111
    Paradojas económicas y sus resoluciones 112

XXVI. LA LITERATURA Y EL ARTE 113
    Exploración literaria de los viajes en el tiempo 114
    Representaciones artísticas del desplazamiento temporal 115
    La influencia de los viajes en el tiempo en la expresión creativa 116

XXVII. BIOLOGÍA EVOLUTIVA 117
    Consecuencias evolutivas de los viajes en el tiempo 118
    El impacto en la selección natural 119
    Modelos teóricos de líneas temporales evolutivas 120

XXVIII. GEOPOLÍTICA 121
    El uso estratégico de los viajes en el tiempo en política 122
    Los viajes en el tiempo en la teoría de las relaciones internacionales 123
    El potencial de los conflictos temporales 124

XXIX. LA EVOLUCIÓN DEL LENGUAJE 125
    La influencia de los viajes en el tiempo en el desarrollo lingüístico 126
    Retos de la comunicación desplazada en el tiempo 127
    Preservar la integridad de la lengua a lo largo del tiempo 128

XXX. EL CAMBIO CLIMÁTICO 129
    El papel potencial de los viajes en el tiempo para abordar los problemas climáticos .. 130
    Intervenciones temporales en sistemas ecológicos 131
    Consideraciones éticas sobre la alteración de la historia medioambiental 132

XXXI. LA EXPLORACIÓN ESPACIAL 133
    Efectos de la dilatación del tiempo en los vuelos espaciales de larga duración 134
    El uso de los viajes en el tiempo en la exploración interestelar 135
    Modelos teóricos de los viajes en el tiempo por el espacio 136

XXXII. LA CONCIENCIA 137
    La relación entre la consciencia y la percepción temporal 138
    Los estados alterados de conciencia en los viajes en el tiempo 139
    La continuidad del yo a través del desplazamiento temporal 140

XXXIII. EL PRINCIPIO DE INCERTIDUMBRE 141
    El principio de incertidumbre de Heisenberg en contextos temporales 142
    El papel de la incertidumbre en la mecánica de los viajes en el tiempo 143
    Los límites de la previsibilidad en los viajes en el tiempo 144

XXXIV. LA TEORÍA DEL UNIVERSO DE BLOQUES 145
    El universo de bloques y el eternalismo 146
    Los viajes en el tiempo dentro de un espacio-tiempo cuatridimensional 147
    Desafíos al modelo del universo de bloques 148

XXXV. LA EXPANSIÓN DEL UNIVERSO **149**
    EL UNIVERSO EN EXPANSIÓN Y SUS IMPLICACIONES PARA LOS VIAJES EN EL TIEMPO 150
    LA INFLUENCIA DE LA EXPANSIÓN CÓSMICA EN LA MECÁNICA TEMPORAL 151
    CONSIDERACIONES TEÓRICAS SOBRE LOS VIAJES EN EL TIEMPO EN UN COSMOS EN EXPANSIÓN 152

XXXVI. LA CONSERVACIÓN DE LA ENERGÍA **153**
    LEYES DE CONSERVACIÓN DE LA ENERGÍA EN ESCENARIOS DE VIAJES EN EL TIEMPO 154
    LA PARADOJA DE LA DUPLICACIÓN O SUPRESIÓN DE ENERGÍA 155
    SOLUCIONES TEÓRICAS A LOS PROBLEMAS DE CONSERVACIÓN DE LA ENERGÍA 156

XXXVII. LA HIPÓTESIS DE LA SIMULACIÓN **157**
    LA HIPÓTESIS DE QUE LA REALIDAD ES UNA SIMULACIÓN 158
    LOS VIAJES EN EL TIEMPO EN ENTORNOS SIMULADOS 159
    IMPLICACIONES FILOSÓFICAS DE LOS VIAJES EN EL TIEMPO SIMULADO 160

XXXVIII. LA DINÁMICA NO LINEAL **161**
    LA TEORÍA DEL CAOS Y LOS VIAJES EN EL TIEMPO 162
    EL TIEMPO NO LINEAL Y SUS EFECTOS SOBRE LA CAUSALIDAD 163
    LA PREVISIBILIDAD DE LOS VIAJES EN EL TIEMPO EN LOS SISTEMAS CAÓTICOS 164

XXXIX. LOS LÍMITES DE LA COMPRENSIÓN HUMANA **165**
    LIMITACIONES COGNITIVAS EN LA COMPRENSIÓN DE LOS VIAJES EN EL TIEMPO 166
    EL PAPEL DE LA INTUICIÓN EN LAS TEORÍAS TEMPORALES 167
    COLMAR LA BRECHA ENTRE LA COMPRENSIÓN HUMANA Y LA COMPLEJIDAD TEMPORAL 168

XL. EL EFECTO OBSERVADOR **169**
    EL EFECTO OBSERVADOR EN LA MECÁNICA CUÁNTICA 170
    LA OBSERVACIÓN Y SU IMPACTO EN LOS VIAJES EN EL TIEMPO 171
    EL PAPEL DEL OBSERVADOR EN LAS PARADOJAS TEMPORALES 172

XLI. LA FILOSOFÍA DE LA CIENCIA **173**
    EL MÉTODO CIENTÍFICO Y LA INVESTIGACIÓN DE LOS VIAJES EN EL TIEMPO 174
    EL PROBLEMA DE DEMARCACIÓN EN LAS TEORÍAS DE LOS VIAJES EN EL TIEMPO 175
    EL PAPEL DE LA FALSABILIDAD EN LA CIENCIA DE LOS VIAJES EN EL TIEMPO 176

XLII. EL AJUSTE FINO DEL UNIVERSO **177**
    EL ARGUMENTO DEL AJUSTE FINO Y SU RELACIÓN CON LOS VIAJES EN EL TIEMPO 178
    LAS INTERVENCIONES TEMPORALES Y LAS CONSTANTES DE LA NATURALEZA 179
    LAS CONSIDERACIONES ANTRÓPICAS EN EL AJUSTE FINO Y LOS VIAJES EN EL TIEMPO 180

XLIII. EL PROBLEMA DE LA IDENTIDAD **181**
    LA IDENTIDAD PERSONAL EN LOS VIAJES EN EL TIEMPO 182
    LA CONTINUIDAD DE LA IDENTIDAD A TRAVÉS DE LOS CAMBIOS TEMPORALES 183
    DEBATES FILOSÓFICOS SOBRE LA IDENTIDAD Y LOS VIAJES EN EL TIEMPO 184

XLIV. EL TEJIDO DE LA REALIDAD **185**
    LA NATURALEZA DE LA REALIDAD EN LAS TEORÍAS DE LOS VIAJES EN EL TIEMPO 186
    LA TEXTURA DEL ESPACIO-TIEMPO Y LA MANIPULACIÓN TEMPORAL 187
    LA INTEGRIDAD DE LA REALIDAD FRENTE A LAS ALTERACIONES TEMPORALES 188

XLV. LA POSIBILIDAD DE HISTORIAS PARALELAS **189**
    EL CONCEPTO DE HISTORIAS PARALELAS 190
    EL PAPEL DE LOS VIAJES EN EL TIEMPO EN LA CREACIÓN DE LÍNEAS TEMPORALES DIVERGENTES 191
    LA COEXISTENCIA DE MÚLTIPLES HISTORIAS 192

XLVI. LA CONSERVACIÓN DEL CONOCIMIENTO **193**
    LA TRANSMISIÓN DEL CONOCIMIENTO A TRAVÉS DEL TIEMPO 194
    LA SALVAGUARDA DE LA INFORMACIÓN EN LOS ESCENARIOS DE VIAJES EN EL TIEMPO 195
    EL PAPEL DEL CONOCIMIENTO EN LA RESOLUCIÓN DE LAS PARADOJAS TEMPORALES 196

XLVII. LA CONTINUIDAD DE LA CIENCIA Y LA FICCIÓN **197**
  LA INTERACCIÓN ENTRE LAS TEORÍAS CIENTÍFICAS Y LOS RELATOS DE FICCIÓN 198
  EL BUCLE DE RETROALIMENTACIÓN ENTRE LA CIENCIA FICCIÓN Y LA INVESTIGACIÓN CIENTÍFICA 199
  LA FRONTERA ENTRE LA CIENCIA VEROSÍMIL Y LA FICCIÓN ESPECULATIVA 200

XLVIII. LA NOCIÓN DE PROGRESO **201**
  EL CONCEPTO DE PROGRESO EN UN CONTEXTO TEMPORAL 202
  EL IMPACTO DE LOS VIAJES EN EL TIEMPO EN EL DESARROLLO DE LA SOCIEDAD 203
  LA REEVALUACIÓN DEL PROGRESO MEDIANTE LA MANIPULACIÓN TEMPORAL 204

XLIX. LA ÉTICA DE LA INTERVENCIÓN TEMPORAL **205**
  LAS IMPLICACIONES MORALES DE CAMBIAR EL PASADO 206
  LAS RESPONSABILIDADES DE LOS VIAJEROS EN EL TIEMPO 207
  MARCOS ÉTICOS PARA LA INTROMISIÓN TEMPORAL 208

L. DIRECCIONES FUTURAS EN LA INVESTIGACIÓN DE LOS VIAJES EN EL TIEMPO **209**
  TEORÍAS Y TECNOLOGÍAS EMERGENTES 210
  LOS PRÓXIMOS PASOS EN LA VERIFICACIÓN EXPERIMENTAL 211
  EL POTENCIAL DE LAS APLICACIONES PRÁCTICAS DE LOS VIAJES EN EL TIEMPO 212

LI. CONCLUSIÓN **213**
  RESUMEN DE PUNTOS CLAVE Y CONCLUSIONES 214
  EL FUTURO DE LOS VIAJES EN EL TIEMPO Y LAS PARADOJAS TEMPORALES 215
  REFLEXIONES FINALES SOBRE LAS IMPLICACIONES PARA LA HUMANIDAD Y LA CIENCIA 216

BIBLIOGRAFÍA **217**

I. INTRODUCCIÓN A LOS VIAJES EN EL TIEMPO

Los viajes en el tiempo, un concepto que ha cautivado durante mucho tiempo la imaginación humana, es un tema fascinante e intrincado dentro de la física teórica. La idea de viajar en el tiempo, ya sea al pasado o al futuro, plantea numerosas preguntas sobre la naturaleza de la realidad, la causalidad y las leyes fundamentales del universo. Al profundizar en las posibilidades e implicaciones de los viajes en el tiempo, nos vemos obligados a enfrentarnos al concepto de paradojas temporales, situaciones en las que el propio tejido de la realidad se ve amenazado por incoherencias y contradicciones lógicas. Al explorar las complejidades de los viajes en el tiempo y las paradojas potenciales que podrían surgir, podemos llegar a comprender mejor la naturaleza del propio tiempo y los límites de nuestra comprensión actual del universo. Al embarcarnos en este viaje de exploración, debemos estar preparados para cuestionar nuestros supuestos, desafiar nuestras nociones preconcebidas y ampliar los límites de nuestros conocimientos para desentrañar los misterios de los viajes en el tiempo.

Definición y base teórica

La definición y la base teórica de los viajes en el tiempo abarcan un complejo conjunto de conceptos extraídos de diversos campos, como la física, la filosofía e incluso la ficción especulativa. En esencia, los viajes en el tiempo se refiere al movimiento hipotético de un individuo u objeto entre distintos puntos en el tiempo, desafiando nuestra comprensión tradicional de la causalidad y la flecha del tiempo. Los fundamentos teóricos de los viajes en el tiempo tienen sus raíces en la teoría de la relatividad de Einstein, en particular en el concepto de curvatura del espacio-tiempo y en la posibilidad de curvas temporales cerradas. Estos marcos teóricos proporcionan una base para explorar los posibles mecanismos y consecuencias de los viajes en el tiempo, como la famosa paradoja del abuelo o la paradoja del arranque. Al ahondar en estas intrincadas estructuras teóricas, los investigadores y estudiosos siguen lidiando con las profundas implicaciones de los viajes en el tiempo en nuestra comprensión del universo y de la naturaleza de la propia existencia.

Perspectivas históricas de los viajes en el tiempo

Las perspectivas históricas de los viajes en el tiempo han cautivado durante mucho tiempo la imaginación de escritores, filósofos y científicos por igual. El concepto de viajar en el tiempo ha sido un tema popular en la literatura y el folclore, con ejemplos tempranos en antiguos mitos y cuentos populares. Sin embargo, los viajes en el tiempo no se convirtió en un tema de investigación científica seria hasta la llegada de la física moderna. Las teorías propuestas por físicos de renombre como Albert Einstein y Stephen Hawking han proporcionado un marco para comprender la posibilidad de los viajes en el tiempo dentro de las limitaciones de la física teórica. Estas perspectivas históricas han sentado las bases para explorar las complejidades e implicaciones de los viajes en el tiempo, incluida la intrigante noción de paradoja temporal. Al examinar la evolución histórica de los conceptos de los viajes en el tiempo, podemos apreciar mejor la naturaleza interdisciplinar de este fascinante tema.

Importancia de los viajes en el tiempo en la física teórica

No se puede exagerar la importancia de los viajes en el tiempo en la física teórica, ya que ahondan en las complejidades del espacio-tiempo y en la naturaleza fundamental del universo. El concepto de los viajes en el tiempo desafía nuestra comprensión de la causalidad y abre posibilidades para explorar la naturaleza de la realidad más allá de nuestras limitaciones actuales. Al explorar las implicaciones de los viajes en el tiempo, los físicos teóricos pueden ampliar los límites de nuestra comprensión del universo y desbloquear potencialmente nuevas vías de exploración científica. La capacidad de manipular el tiempo podría dar lugar a grandes avances en campos como la mecánica cuántica y la relatividad general, ofreciendo conocimientos sobre la naturaleza de los agujeros negros, los agujeros de gusano y el propio tejido del espacio-tiempo. Mediante rigurosos modelos matemáticos y experimentos mentales, los investigadores pueden seguir desentrañando los misterios de los viajes en el tiempo y sus implicaciones para nuestra comprensión del cosmos.

II. EL CONCEPTO DE TIEMPO EN LA FÍSICA

En el ámbito de la física, el concepto de tiempo desempeña un papel crucial en la comprensión de las leyes fundamentales que rigen nuestro universo. El tiempo, tal como lo define la teoría de la relatividad de Einstein, no es una cantidad fija y absoluta, sino una dimensión dinámica y relacional que está entrelazada con el espacio. Esta interconexión de espacio y tiempo crea un tejido espaciotemporal que puede doblarse y deformarse por la presencia de masa y energía. La percepción del tiempo también varía en función del movimiento relativo del observador y de la fuerza de los campos gravitatorios, dando lugar a fenómenos como la dilatación del tiempo y los bucles temporales. Estas complejas relaciones entre tiempo, espacio y gravedad sientan las bases de conceptos teóricos como los viajes en el tiempo y las paradojas potenciales que podrían surgir, desafiando nuestra comprensión de la causalidad y el propio tejido de la realidad. Mediante una exploración más profunda del concepto de tiempo en física, podemos desvelar los misterios del universo y desentrañar los secretos de la existencia.

El tiempo absoluto newtoniano

En el ámbito de la física teórica, el tiempo absoluto newtoniano plantea un concepto fundamental para comprender la naturaleza de los viajes en el tiempo y las posibles paradojas temporales. La idea de Newton del tiempo absoluto, que fluye de forma uniforme e independiente de cualquier factor externo, proporciona un marco para contemplar las implicaciones de atravesar el tiempo. A medida que nos adentramos en las complejidades de la mecánica temporal, la noción de una línea temporal fija e inmutable se convierte en un punto de referencia crucial. El concepto de tiempo absoluto, entrelazado con las leyes de la física, sirve de piedra angular para las explored teóricas sobre las posibilidades y limitaciones del viaje temporal. Al comprender las implicaciones del tiempo absoluto de Newton en el contexto de las paradojas temporales, podemos empezar a desentrañar la intrincada interacción entre la causalidad, la cronología y la enigmática naturaleza del propio tiempo. La exploración del tiempo absoluto newtoniano desvela un paisaje multidimensional en el que los límites de nuestra comprensión se ven continuamente desafiados por la tentadora perspectiva de viajar a través de la cuarta dimensión.

La teoría de la relatividad de Einstein y la dilatación del tiempo

La teoría de la relatividad de Einstein revolucionó nuestra comprensión del universo, sobre todo en lo que respecta al concepto de dilatación del tiempo. Según esta teoría, el tiempo no es una entidad fija y uniforme, sino un fenómeno dinámico y relativo. La dilatación del tiempo se produce cuando un objeto se mueve a velocidades próximas a la de la luz, haciendo que el tiempo transcurra más lentamente en relación con un observador inmóvil. Este efecto se ha confirmado experimentalmente mediante diversos estudios, entre ellos el famoso experimento de Hafele-Keating. Las implicaciones de la dilatación del tiempo para conceptos como los viajes en el tiempo son profundas, ya que sugiere que el tiempo puede manipularse mediante la velocidad y la gravedad. Comprender los entresijos de la teoría de la relatividad de Einstein y la dilatación del tiempo es crucial para adentrarse en las complejidades de las paradojas temporales y las posibilidades de atravesar el propio tiempo.

La mecánica cuántica y el tiempo

En el ámbito de la mecánica cuántica, la relación entre el tiempo y los principios fundamentales que rigen el comportamiento de las partículas ha sido objeto de intenso escrutinio y debate. En el centro de esta exploración se encuentra el concepto de superposición, en el que las partículas pueden existir en múltiples estados simultáneamente. Este fenómeno desafía nuestra comprensión convencional del tiempo como una progresión lineal de acontecimientos, planteando cuestiones sobre la naturaleza de la causalidad y el determinismo en el marco de la teoría cuántica. A medida que los investigadores profundizan en el misterioso reino de la mecánica cuántica, pueden surgir nuevos conocimientos sobre la naturaleza del propio tiempo, que arrojen luz sobre la posibilidad de manipular los procesos temporales e incluso de desentrañar los secretos de los viajes en el tiempo. Sin embargo, estas explotaciones teóricas también presentan una serie de complejas paradojas e implicaciones filosóficas que deben considerarse cuidadosamente para comprender plenamente las profundas implicaciones de la mecánica cuántica en nuestra comprensión del tiempo.

III. LA RELATIVIDAD GENERAL

Los viajes en el tiempo en la relatividad general plantea cuestiones intrigantes sobre la naturaleza de la causalidad y la posibilidad de paradojas. Según la teoría de Einstein, el tiempo no es una progresión absoluta y lineal, sino una dimensión que puede ser doblada y deformada por la gravedad. Esto abre la posibilidad de agujeros de gusano transitables y curvas temporales cerradas, que teóricamente podrían permitir viajes al pasado o al futuro. Sin embargo, el concepto de los viajes en el tiempo conlleva una serie de paradojas, como la famosa paradoja del abuelo, en la que un individuo podría retroceder en el tiempo e impedir su propia existencia. Comprender las implicaciones de los viajes en el tiempo en el marco de la relatividad general no sólo es intelectualmente estimulante, sino también crucial para explorar los límites de nuestra incomprensión del universo. A medida que profundizamos en las complejidades de los viajes en el tiempo, debemos lidiar con las implicaciones filosóficas y metafísicas que presenta, arrojando luz sobre los misterios de la existencia.

Los agujeros de gusano y sus propiedades

Un agujero de gusano, un paso hipotético a través del espacio-tiempo que puede conectar puntos distantes del universo, ha cautivado la imaginación tanto de los científicos como de los entusiastas de la ciencia ficción. Estas construcciones teóricas, también conocidas como puentes de Einstein-Rosen, están predichas por la teoría de la relatividad general, pero aún no se han observado. Se cree que los agujeros de gusano poseen propiedades intrigantes, como la posibilidad de permitir viajes más rápidos que la luz o incluso viajes en el tiempo. Sin embargo, la existencia de los agujeros de gusano plantea profundos interrogantes sobre su estabilidad, traversabilidad y la posibilidad de crearlos y manipularlos. El estudio de los agujeros de gusano profundiza en la natura fundamental del espacio-tiempo y en la física de los entornos extremos. La exploración de estas enigmáticas estructuras no sólo amplía nuestra comprensión del universo, sino que también desafía nuestra concepción de las leyes que rigen el espacio y el tiempo.

El concepto de curvas cerradas semejantes en el tiempo

El concepto de curvas cerradas semejantes en el tiempo, tal como se propone en la física teórica, plantea intrigantes posibilidades de viajar en el tiempo, pero también plantea importantes cuestiones sobre la causalidad y la naturaleza del universo. Estos bucles cerrados en el espacio-tiempo permiten la posibilidad de viajar hacia atrás en el tiempo, creando un bucle paradójico en el que los acontecimientos influyen en sus propios resultados pasados. La idea desafía nuestra comprensión de la causalidad y la progresión lineal del tiempo, poniendo en tela de juicio los principios fundamentales del propio tiempo. Aunque las curvas temporales cerradas ofrecen una tentadora visión del reino de los viajes en el tiempo, también ponen de relieve las complejidades y contradicciones que surgen al intentar manipular el tejido del espacio-tiempo. Al desentrañar las implicaciones de las curvas temporales cerradas, nos adentramos en la intrincada red de paradojas temporales y en las profundas implicaciones que tienen en nuestra comprensión del universo.

Modelos teóricos que permiten viajar en el tiempo

Los modelos teóricos que permiten viajar en el tiempo han captado la imaginación de investigadores y entusiastas de la ciencia ficción por igual. Partiendo de los conceptos fundamentales de la relatividad general y la mecánica cuántica, estos modelos exploran la posibilidad de viajar en el tiempo. Una teoría destacada es el concepto de curvas temporales cerradas, que sugiere la existencia de trayectorias en el espacio-tiempo que vuelven sobre sí mismas, permitiendo viajar al pasado. Sin embargo, las implicaciones de tales modelos plantean importantes cuestiones sobre la causalidad y la posibilidad de que se produzcan paradojas como la famosa paradoja del abuelo. Al profundizar en las complejidades de estos marcos teóricos, los investigadores pretenden desentrañar los misterios de los viajes en el tiempo, al tiempo que reconocen los retos y limitaciones que impone nuestra comprensión actual de las leyes de la física. Mientras seguimos ampliando los límites de la investigación científica, la exploración de los modelos teóricos que permiten viajar en el tiempo nos recuerda las infinitas posibilidades y las profundas implicaciones de este concepto.

IV. LA PARADOJA DEL ABUELO

Una de las paradojas temporales más intrigantes es la conocida Paradoja del Abuelo, que plantea cuestiones sobre la posibilidad de cambiar el pasado mediante los viajes en el tiempo. En esta paradoja, un viajero en el tiempo retrocede en el tiempo e impide que su abuelo conozca a su abuela, impidiendo así su propia existencia. Esta paradoja desafía los principios fundamentales de la causalidad y plantea importantes cuestiones filosóficas sobre la naturaleza del tiempo y el libre albedrío. Desde una perspectiva de física teórica, la Paradoja del Abuelo sugiere que alterar el pasado no es un resultado factible de los viajes en el tiempo, ya que crearía incoherencias y contradicciones en la línea temporal. Esta paradoja sirve como un valioso experimento mental que nos ayuda a explorar las complejidades de los viajes en el tiempo y las implicaciones de cambiar el pasado. Enfrentándonos a la paradoja del Abuelo, podemos comprender mejor las restricciones y limitaciones de los viajes en el tiempo en el marco de la física teórica.

Explicación de la paradoja

Al explorar el desconcertante concepto de los viajes en el tiempo, hay que aceptar las paradojas que podrían surgir. La paradoja central que se discute a menudo es la clásica paradoja del abuelo, en la que un viajero en el tiempo retrocede en el tiempo e impide inadvertidamente que su abuelo conozca a su abuela, borrando así su propia existencia. Esta paradoja pone de relieve las contradicciones y complejidades inherentes a la manipulación de la línea temporal de los acontecimientos. Una posible explicación de esta paradoja reside en el concepto de universos paralelos o líneas temporales alternativas que se bifurcan cuando se realizan cambios en el pasado. Esta teoría sugiere que, aunque el viajero en el tiempo altere los acontecimientos del pasado, no borra su propia existencia, sino que crea una nueva realidad en la que sus acciones tienen consecuencias diferentes. A medida que profundizamos en las implicaciones de los viajes en el tiempo, se hace evidente que las paradojas que lo rodean desafían nuestra comprensión de la causalidad y de la naturaleza interconectada del propio tiempo.

Implicaciones para la causalidad

Al considerar las implicaciones para la causalidad en el contexto de los viajes en el tiempo y las paradojas temporales, resulta esencial escudriñar el tejido mismo de la causa y el efecto. La capacidad de viajar en el tiempo introduce la desconcertante noción de retrocausalidad, en la que los acontecimientos del futuro podrían influir potencialmente en los acontecimientos del pasado. Esto desafía la progresión lineal del tiempo tal y como la percibimos, planteando cuestiones sobre la naturaleza del libre albedrío y el determinismo. Además, el propio concepto de causalidad puede tener que redefinirse en el marco de los viajes en el tiempo, ya que las concepciones tradicionales pueden no dar cuenta adecuadamente de las complejidades introducidas por los movimientos temporales hacia atrás. Las implicaciones de la causalidad en el ámbito de los viajes en el tiempo son profundas y exigen una reevaluación de los supuestos fundamentales sobre la naturaleza de la realidad y los límites de lo posible en el universo.

Interpretaciones filosóficas

Las interpretaciones filosóficas de los viajes en el tiempo profundizan en las implicaciones existenciales y éticas de atravesar el tejido del espacio-tiempo. Un debate clave gira en torno al libre albedrío frente al determinismo, cuestionando si alterar el pasado podría cambiar ulteriormente el curso de los acontecimientos futuros o si la línea temporal está predestinada. Muchos filósofos sostienen que cualquier interferencia con el pasado daría lugar a paradojas, como la paradoja del abuelo, en la que un viajero en el tiempo impide inadvertidamente su propia existencia. Además, se pone en tela de juicio el concepto de identidad personal, ya que los viajes en el tiempo plantea cuestiones sobre la continuidad del yo y la posibilidad de que existan simultáneamente múltiples versiones de uno mismo. Estos dilemas filosóficos añaden profundidad al discurso en torno a las paradojas temporales, destacando la compleja interacción entre la agencia humana, el destino y la naturaleza de la realidad.

V. LA PARADOJA DE BOOTSTRAP

Una de las paradojas más desconcertantes en el ámbito de los viajes en el tiempo es la Paradoja de Bootstrap, también conocida como bucle causal. En este escenario, la información o los objetos pasan del futuro al pasado, creando en última instancia un bucle en el que no se puede determinar el origen de la información o del objeto. Esta paradoja desafía nuestra comprensión fundamental de la causa y el efecto, difuminando las líneas entre lo que se considera un principio y un fin. La Paradoja de Bootstrap plantea cuestiones sobre la naturaleza del libre albedrío y el determinismo, así como sobre el concepto de autoconsistencia en un universo en el que las acciones parecen preceder a sus propias causas. A medida que los físicos teóricos profundizan en los misterios de los viajes en el tiempo, la Paradoja de la Trampilla sigue siendo un rompecabezas fascinante y enigmático que pone a prueba los límites de nuestra comprensión de la dinámica temporal.

Definición y ejemplos

Los viajes en el tiempo, un concepto popular en la ciencia ficción, se refiere a la capacidad hipotética de viajar en el tiempo a diferentes puntos del pasado o del futuro. Esta idea se explora a menudo en la literatura y el cine. En la física teórica, los viajes en el tiempo es un concepto complejo que implica doblar el espacio-tiempo para crear agujeros de gusano o utilizar la teoría de la relatividad para viajar a velocidades cercanas a la de la luz. Un ejemplo famoso de paradoja de los viajes en el tiempo es la paradoja del abuelo, en la que un viajero en el tiempo retrocede en el tiempo e impide que sus abuelos se conozcan, impidiendo así su propia existencia. Estas paradojas ponen de manifiesto las posibles consecuencias y dilemas éticos que podrían surgir al alterar el pasado o el futuro mediante los viajes en el tiempo.

Consecuencias para el concepto de originalidad

Las consecuencias para el concepto de originalidad en el contexto de los viajes en el tiempo y las paradojas temporales son a la vez intrigantes y difíciles de comprender. La noción de originalidad está fundamentalmente arraigada en la idea de crear algo nuevo y único. Sin embargo, en un mundo en el que es posible viajar en el tiempo, el concepto de originalidad se difumina. Si se pudiera viajar en el tiempo y alterar los acontecimientos pasados, la idea misma de lo que se considera original podría ponerse en tela de juicio. ¿Se seguirían considerando originales los acontecimientos modificados, o se verían como un derivado de la línea temporal original? Además, la existencia de múltiples líneas temporales y realidades alternativas complica aún más la noción de originalidad. A medida que profundizamos en las complejidades de los viajes en el tiempo, nos vemos obligados a reevaluar nuestra comprensión de lo que significa ser verdaderamente original en un universo en el que el tiempo no es una construcción lineal. En última instancia, el concepto de originalidad puede verse alterado para siempre por las implicaciones de los viajes en el tiempo y las paradojas temporales.

Resoluciones en física teórica

En la física teórica, el concepto de resoluciones desempeña un papel crucial a la hora de abordar las complejidades que rodean a los viajes en el tiempo y las paradojas temporales. En este contexto, las resoluciones se refieren a las soluciones o interpretaciones propuestas por los físicos para conciliar las contradicciones aparentes en el marco de diversas teorías, como la relatividad general y la mecánica cuántica. Estas resoluciones suelen requerir enfoques innovadores y el desarrollo de nuevas construcciones teóricas para salvar las distancias entre las ideas existentes. Por ejemplo, resolver paradojas como la paradoja del abuelo o la paradoja de Bootstrap puede implicar volver a imaginar la naturaleza fundamental de la causalidad o introducir conceptos como las líneas temporales múltiples o los universos paralelos. Explorando y evaluando distintas resoluciones, los físicos pretenden profundizar en nuestra comprensión de la naturaleza del tiempo y las posibilidades de los viajes en el tiempo, ampliando en última instancia los límites de nuestro conocimiento en el campo de la física teórica.

VI. LA PARADOJA DE LOS GEMELOS

La paradoja de los gemelos, un concepto fundamental en el ámbito de la física teórica, plantea un enigma desconcertante al considerar los efectos de la dilatación del tiempo en la relatividad especial. Partiendo de la hipótesis de que un gemelo emprende un viaje a gran velocidad por el espacio mientras el otro permanece inmóvil en la Tierra, la paradoja revela la asimetría en el envejecimiento de los dos hermanos cuando se reúnen. Mientras que el gemelo viajero experimenta un paso del tiempo más lento debido a su movimiento relativista, el gemelo inmóvil envejece a un ritmo normal. Esta paradoja desafía nuestra comprensión convencional del tiempo y plantea interrogantes sobre la naturaleza del espacio-tiempo. Resolver esta paradoja requiere una inmersión profunda en los principios de la relatividad y una exploración de la interconexión del tiempo, el espacio y el movimiento en el tejido del universo. En última instancia, la Paradoja de los Gemelos sirve como ilustración convincente de la naturaleza intrincada y enigmática de los viajes en el tiempo y sus implicaciones en nuestra percepción de la realidad.

La dilatación del tiempo en la relatividad especial

En el ámbito de la relatividad especial, el fenómeno de la dilatación del tiempo desempeña un papel fundamental en la comprensión de la naturaleza del propio tiempo. La dilatación del tiempo se produce cuando un objeto está en movimiento a velocidades cercanas a la de la luz, haciendo que el tiempo transcurra a un ritmo más lento en relación con un observador inmóvil. Este concepto, formulado por Albert Einstein, revolucionó nuestra percepción del tiempo y el espacio, desafiando a la física newtoniana tradicional. Las implicaciones de la dilatación del tiempo son de gran alcance y afectan a todo, desde la sincronización de los relojes hasta el proceso de envejecimiento de los astronautas en el espacio. Al comprender los entresijos de la dilatación del tiempo, los científicos han abierto nuevas posibilidades para los viajes espaciales y la exploración teórica. Al profundizar en las complejidades de la relatividad especial, nos enfrentamos a las fascinantes paradojas y enigmas que surgen al contemplar la naturaleza de los viajes en el tiempo y sus posibles ramificaciones en el tejido del universo.

La paradoja explicada

La paradoja de los viajes en el tiempo es un complejo enigma que ha desconcertado a científicos y filósofos por igual. En esencia, la paradoja gira en torno a la idea de cambiar el pasado, lo que podría conducir a una cadena de acontecimientos que, en última instancia, impediría al viajero en el tiempo emprender su viaje. Esto crea una incoherencia lógica que desafía las leyes fundamentales de la causalidad. Sin embargo, algunas teorías sugieren que las leyes de la física pueden permitir la existencia de universos paralelos o líneas temporales alternativas, donde pueden resolverse tales paradojas. Al ramificarse en diferentes realidades, cada posibilidad se desarrolla simultáneamente, evitando la necesidad de una única línea temporal lineal. Este concepto abre un abanico de posibilidades para comprender la naturaleza del tiempo y las complejidades potenciales de viajar a través de él. Mediante un examen y un análisis cuidadosos, la paradoja de los viajes en el tiempo puede empezar a desvelarse, arrojando luz sobre los misterios del universo.

Resolver la paradoja con la relatividad general

presenta un reto complejo en el contexto de los viajes en el tiempo. La relatividad general, propuesta por Albert Einstein, proporciona un marco para comprender la curvatura del espacio-tiempo causada por la masa y la energía. En el caso de los viajes en el tiempo, las paradojas que surgen al viajar al pasado, como la paradoja del abuelo, parecen desafiar las leyes de la causalidad. Sin embargo, algunos teóricos sugieren que, en el marco de la relatividad general, la consistencia de la causalidad puede preservarse mediante el concepto de curvas cerradas de semejanza temporal. Estos bucles cerrados en el espacio-tiempo podrían permitir los viajes en el tiempo sin violar la causalidad, ya que los acontecimientos siempre se desarrollarían de forma autoconsistente. Al considerar los viajes en el tiempo a través de la lente de la relatividad general, es posible conciliar las paradojas que surgen y explorar las implicaciones de viajar en el tiempo.

VII. EL PRINCIPIO DE AUTOCONSISTENCIA DE NOVIKOV

es un concepto crucial en el ámbito de los viajes en el tiempo y las paradojas temporales. Propuesto por el físico Igor Novikov, este principio afirma que cualquier acción a través del tiempo realizada por un viajero temporal debe ser autoconsistente y no dar lugar a paradojas. En términos más sencillos, sugiere que si una persona viajara atrás en el tiempo e intentara cambiar algo, sus acciones tendrían ulteriormente el mismo resultado que si no hubiera interferido en absoluto. Este principio ayuda a resolver las posibles paradojas que podrían surgir de los viajes en el tiempo, como la infame paradoja del abuelo. Respetando el Principio de Autoconsistencia de Novikov, los viajes en el tiempo puede producirse teóricamente sin provocar incoherencias o contradicciones lógicas, lo que permite una comprensión más coherente de las implicaciones de atravesar el paisaje temporal.

Explicación del principio

Aunque el concepto de los viajes en el tiempo ha cautivado la imaginación humana durante siglos, los principios teóricos que subyacen a este fenómeno siguen siendo complejos y a menudo esquivos. Un principio clave que debe explicarse es la idea de causalidad, que dicta que todo acontecimiento está influido por acontecimientos anteriores de forma lineal. Los viajes en el tiempo, sin embargo, introduce la posibilidad de alterar esta progresión lineal al permitir a los individuos viajar al pasado y alterar potencialmente acontecimientos clave. Esto introduce la posibilidad de que se produzcan paradojas, como la infame paradoja del abuelo, en la que un viajero en el tiempo podría impedir su propia existencia alterando un acontecimiento pasado. Comprender el principio de causalidad es esencial para entender las implicaciones de los viajes en el tiempo y los retos que plantean a nuestra comprensión de la naturaleza del propio tiempo. Profundizar en los entresijos de este principio es crucial para desentrañar los misterios de las paradojas temporales y los marcos teóricos que rigen los viajes en el tiempo.

Implicaciones para las paradojas de los viajes en el tiempo

Las implicaciones de las paradojas de los viajes en el tiempo en el ámbito de la física teórica son vastas y complejas. Una de las paradojas más conocidas es la llamada "paradoja del abuelo", en la que un viajero en el tiempo retrocede en el tiempo e impide que su propio abuelo conozca a su abuela, previniendo así su propio nacimiento. Esta paradoja plantea cuestiones sobre la causalidad y la posibilidad de alterar el pasado. Además, el concepto de múltiples líneas temporales o universos paralelos añade otra capa de complejidad al debate. Dado que los conocimientos científicos actuales no pueden demostrar ni refutar definitivamente la viabilidad de los viajes en el tiempo, la exploración de estas paradojas permite a los investigadores profundizar en los misterios del espacio-tiempo y en la naturaleza de la propia realidad. Al analizar las implicaciones de estas paradojas, los investigadores pretenden descubrir nuevos conocimientos sobre las leyes fundamentales del universo y la naturaleza de la realidad temporal.

Críticas y contraargumentos

En el discurso en torno a los viajes en el tiempo y las paradojas temporales surgen críticas y contraargumentos que añaden complejidad a un tema ya de por sí intrincado. Una crítica que se plantea a menudo es la cuestión de la causalidad; los escépticos argumentan que alterar acontecimientos del pasado podría crear paradojas que desafiarían la lógica y alterarían el orden natural del tiempo. Sin embargo, los defensores de los viajes en el tiempo afirman que el concepto de multiverso podría aportar una solución a este problema, sugiriendo que cada viajero en el tiempo crea una nueva línea temporal en lugar de alterar la original. Otro contraargumento surge en los debates sobre la viabilidad de la tecnología de los viajes en el tiempo; los críticos cuestionan la practicidad de construir maquinaria capaz de doblar el espacio-tiempo para permitir los viajes en el tiempo. Sin embargo, sus defensores proponen que los avances en mecánica cuántica pueden ser la clave para desentrañar los secretos de los viajes en el tiempo, ofreciendo una vía prometedora para seguir explorando este enigmático campo de estudio.

VIII. LA MECÁNICA CUÁNTICA

Los viajes en el tiempo ha sido durante mucho tiempo un concepto fascinante que ha cautivado tanto a científicos como a entusiastas de la ciencia ficción. Al profundizar en el ámbito de los viajes en el tiempo, no se puede ignorar el impacto de la mecánica cuántica en la viabilidad y las implicaciones de dicho fenómeno. La mecánica cuántica, con sus principios de superposición y entrelazamiento, ofrece nuevas perspectivas sobre la naturaleza del tiempo y podría proporcionar un marco teórico para los viajes en el tiempo. Los entresijos de la mecánica cuántica pueden ser la clave para comprender cómo se podría navegar en el tiempo y explorar las posibilidades de las paradojas temporales. Al ahondar en la intersección de los viajes en el tiempo y la mecánica cuántica, podemos descubrir profundos conocimientos sobre la naturaleza de la realidad y las leyes fundamentales que rigen el universo. A medida que profundizamos en los misterios de los viajes en el tiempo y la mecánica cuántica, nos enfrentamos a una miríada de preguntas que desafían nuestra comprensión del tejido del espacio-tiempo.

El entrelazamiento cuántico y el orden temporal

El entrelazamiento cuántico introduce un elemento intrigante en el debate sobre el orden temporal en el contexto de los viajes en el tiempo. El estado interconectado de las partículas entrelazadas desafía las nociones convencionales de espacio y tiempo, lo que lleva a preguntarse si el entrelazamiento podría desempeñar un papel en el establecimiento de una nueva comprensión de la causalidad temporal. Explorando la relación entre el entrelazamiento y el orden de los acontecimientos, podemos descubrir potencialmente nuevos conocimientos sobre la naturaleza del propio tiempo. Esta conexión entre los fenómenos cuánticos y la dinámica temporal plantea profundas implicaciones para la viabilidad y las consecuencias de los viajes en el tiempo, desafiando los conceptos tradicionales de causa y efecto. Las profundas implicaciones del enredo cuántico en el orden temporal pueden ofrecer una vía para desentrañar los misterios que rodean a los viajes en el tiempo y las paradojas que pueden surgir de la manipulación del tejido del espacio-tiempo.

La interpretación de muchos mundos

La interpretación de muchos mundos ofrece una perspectiva convincente del concepto de los viajes en el tiempo, proponiendo que cada decisión tomada crea una división en múltiples universos en los que todos los resultados posibles existen simultáneamente. Esta interpretación desafía la noción de una única línea temporal y sugiere que el tiempo no es lineal, sino que se ramifica infinitamente. En este marco, se evitan paradojas como la del abuelo, ya que cualquier cambio realizado en el pasado simplemente crearía una nueva línea temporal, dejando intacta la original. Aunque esta interpretación pueda parecer fantástica, ha ganado adeptos en el mundo de la física teórica como posible explicación de las misterios de la mecánica cuántica y de la propia naturaleza del tiempo. Al adoptar la idea de un multiverso en el que coexisten todas las posibilidades, la interpretación de los muchos mundos abre un abanico de posibilidades para comprender las complejidades de los viajes en el tiempo y las implicaciones que tiene en nuestra comprensión de la realidad.

Tunelización cuántica a través del tiempo

La tunelización cuántica a través del tiempo plantea un concepto fascinante, aunque controvertido, en el ámbito de la física teórica. La idea de que las partículas puedan viajar a través de las barreras del tiempo, desafiando las nociones clásicas de causalidad y determinismo, desafía nuestra comprensión de las leyes fundamentales que rigen el universo. Aprovechando las fluctuaciones cuánticas, estas partículas podrían cruzar potencialmente las fronteras temporales y materializarse en un período de tiempo distinto, abriendo un sinfín de posibilidades para los viajes en el tiempo. Sin embargo, las implicaciones de tal fenómeno son profundas y plantean cuestiones sobre la naturaleza de la realidad, el libre albedrío y la consistencia del continuo espacio-tiempo. Aunque el concepto de túnel cuántico a través del tiempo sigue siendo en gran medida teórico y especulativo, su exploración ofrece una tentadora visión del enigmático mundo de las paradojas temporales y los misterios del cosmos. Mientras seguimos desentrañando las complejidades de la mecánica cuántica y el espacio-tiempo, la prospectiva de los viajes en el tiempo a través del túnel cuántico nos invita a reexaminar nuestras percepciones de la existencia y los límites de la realidad.

IX. LA CONJETURA DE PROTECCIÓN DE LA CRONOLOGÍA

La Conjetura de la Protección Cronológica, propuesta por el renombrado físico Stephen Hawking, postula que las leyes de la física pueden impedir los viajes en el tiempo a escala macroscópica creando bucles de retroalimentación que, en última instancia, imposibiliten tales acciones. Esta conjetura sirve de salvaguarda contra las paradojas temporales, garantizando que la causalidad permanezca intacta e impidiendo cualquier interferencia con el tejido del espacio-tiempo. En esencia, la Conjetura de Protección de la Cronología representa un principio fundamental que mantiene la consistencia de nuestro universo y lo salvaguarda contra la perturbación de las leyes naturales. Al explorar este intrigante concepto, adquirimos una comprensión más profunda de las complejidades inherentes al marco teórico de los viajes en el tiempo y de la intrincada red de consecuencias que podrían derivarse de su posible realización. Al profundizar en las implicaciones de esta conjetura, nos vemos abocados a contemplar los profundos misterios del tiempo y su inmutable conexión con la esencia misma de la existencia.

La hipótesis de Hawking

sobre los viajes en el tiempo presenta una exploración de la naturaleza de nuestro universo que invita a la reflexión. Al proponer la Conjetura de la Protección Cronológica, Hawking sugiere que las leyes fundamentales de la física pueden impedir que se produzcan paradojas causadas por los viajes en el tiempo, como la infame paradoja del abuelo. Esta hipótesis sirve de base crucial en el actual debate sobre la viabilidad y las implicaciones de los viajes en el tiempo, añadiendo profundidad a nuestra comprensión de las complejidades que entrañan. A través de su marco teórico, Hawking pone de relieve la intrincada interacción entre la causalidad y las leyes de la física, desafiándonos a reconsiderar nuestras ideas preconcebidas sobre la naturaleza del propio tiempo. Al profundizar en la hipótesis de Hawking, nos vemos obligados a cuestionar el tejido mismo de la realidad y los límites de nuestra comprensión ante conceptos tan profundos.

Apoyo teórico y pruebas

El apoyo teórico y las pruebas desempeñan un papel crucial en la exploración de la compleja naturaleza de los viajes en el tiempo y las posibles paradojas temporales. Las principales teorías de la física teórica, como la teoría de la relatividad general de Einstein y la mecánica cuántica, aportan valiosas ideas sobre la posibilidad de manipular el tiempo. Estas teorías ofrecen un marco para comprender conceptos como los agujeros de gusano, la dilatación temporal y las teorías del multiverso, que a menudo son fundamentales en los debates sobre los viajes en el tiempo. Además, las pruebas experimentales de los aceleradores de partículas y las observaciones astronómicas pueden apoyar aún más las predicciones teóricas sobre la manipulación del tiempo. Combinando los modelos teóricos con los datos empíricos, los investigadores pueden comprender mejor las leyes físicas que rigen los viajes en el tiempo y las posibles paradojas que puedan surgir. Esta integración de teoría y pruebas es esencial para avanzar en nuestra comprensión de las implicaciones y limitaciones de los viajes en el tiempo dentro del ámbito de la física teórica.

Desafíos a la conjetura

Los desafíos a la conjetura de los viajes en el tiempo son múltiples y complejos, y plantean obstáculos importantes a la viabilidad de dicho concepto. Uno de los retos principales surge de la cuestión de la causalidad, ya que viajar atrás en el tiempo podría crear paradojas en las que un individuo podría cambiar los acontecimientos que condujeron a su propia existencia, dando lugar a una contradicción. Además, la imposibilidad física de alcanzar velocidades superiores a la de la luz, que se cree que son necesarias para viajar en el tiempo, supone un gran obstáculo para hacer realidad las teorías de los viajes en el tiempo. Además, las posibles consecuencias de perturbar el flujo natural del tiempo, como alterar los acontecimientos históricos o provocar reacciones en cadena imprevistas, complican aún más la viabilidad de los viajes en el tiempo. Estos retos ponen de relieve los inmensos obstáculos teóricos y prácticos que hay que superar antes de que los viajes en el tiempo pueda hacerse realidad.

X. LA CULTURA POPULAR

Los viajes en el tiempo en la cultura popular siempre han cautivado al público, ofreciendo una mezcla de relatos emocionantes y conceptos alucinantes. Desde la novela clásica de H.G. Wells "La máquina del tiempo" hasta películas modernas de gran éxito como "Regreso al futuro" e "Interestelar", la idea de viajar en el tiempo ha despertado una imaginación y una fascinación infinitas. La cultura popular a menudo simplifica las complejidades de los viajes en el tiempo, presentándolo como un medio sencillo de alterar el pasado o el futuro. Sin embargo, estas representaciones también tocan temas más profundos, como el destino, el libre albedrío y las consecuencias de alterar la línea temporal. Las paradojas temporales, como la paradoja del abuelo y la paradoja del trampolín, añaden capas de complejidad a estas narraciones, desafiando a los personajes y al público por igual a lidiar con las implicaciones de alterar el tejido del tiempo. A través de la cultura popular, el concepto de los viajes en el tiempo se convierte en un vehículo para explorar cuestiones filosóficas y éticas, lo que lo convierte en un tema rico y duradero para el análisis y la reflexión, tanto en la ficción como en la realidad.

Influencia en la percepción pública

Desde una perspectiva social, no se puede subestimar la influencia de los viajes en el tiempo en la percepción pública. La mera posibilidad de manipular el tiempo suscita una serie de emociones y reacciones en la población general. Por un lado, la idea de explorar el pasado o el futuro puede fomentar una sensación de asombro y emoción, despertando la imaginación de muchos. Sin embargo, por otro lado, el concepto de alterar el curso de la historia o enfrentarse a paradojas potenciales también puede infundir miedo e incertidumbre. La percepción pública de los viajes en el tiempo está muy influida por las representaciones de la cultura popular, los avances científicos y los debates filosóficos. Estos factores determinan la forma en que los individuos ven la factibilidad y las implicaciones éticas de los viajes en el tiempo, lo que en última instancia influye en las actitudes de la sociedad hacia este controvertido tema. A medida que los científicos sigan explorando los fundamentos teóricos de la manipulación del tiempo, la percepción del público evolucionará sin duda, reflejando una compleja interacción entre el conocimiento científico y los valores sociales.

Temas y narrativas comunes

Los temas y relatos habituales en el ámbito de los viajes en el tiempo giran en torno a la idea de alterar el pasado para cambiar el presente o el futuro. Esta noción está profundamente arraigada en la cultura popular, y muchas historias muestran a personajes que intentan manipular el pasado en beneficio propio o para evitar acontecimientos catastróficos. Estas narraciones ponen de relieve los dilemas éticos y las consecuencias de jugar con el tiempo, haciendo hincapié en el delicado equilibrio entre causa y efecto. Además, las historias de viajes en el tiempo exploran con frecuencia el concepto de destino y la inevitabilidad de ciertos acontecimientos, sugiriendo que algunas cosas están destinadas a suceder independientemente de la interferencia humana. A través de estos temas comunes, las narraciones de viajes en el tiempo sirven como reflejo de nuestros propios deseos, miedos e incertidumbres sobre la naturaleza del tiempo y la realidad. Al profundizar en estos temas, adquirimos una comprensión más profunda de las complejidades e implicaciones de los viajes en el tiempo y las paradojas temporales.

Impacto en la comunicación científica

El impacto de los viajes en el tiempo en la comunicación científica es polifacético y significativo. A medida que los investigadores profundizan en las complejidades de las paradojas temporales y en la física teórica que las sustenta, se abren nuevas vías de comunicación y colaboración. Las discusiones y debates suscitados por estos temas no sólo contribuyen al avance del conocimiento científico, sino que también estimulan el pensamiento innovador y la resolución de problemas dentro de la comunidad científica. Mediante la exploración de los viajes en el tiempo y sus posibles paradojas, los científicos se enfrentan al reto de pensar de forma crítica, analizar conceptos complejos y comunicar sus descubrimientos de forma eficaz a sus compañeros y a la comunidad académica en general. Este elevado nivel de discurso científico no sólo enriquece nuestra comprensión del tiempo y el espacio, sino que también mejora la calidad y profundidad de la comunicación científica, fomentando una cultura de colaboración e intercambio intelectual que es esencial para impulsar la investigación científica.

XI. ASPECTOS FILOSÓFICOS DE LOS VIAJES EN EL TIEMPO

Profundizar en los aspectos filosóficos de los viajes en el tiempo revela un rico tapiz de indagaciones y contemplaciones. El concepto de alterar el pasado plantea cuestiones fundamentales sobre el libre albedrío, el determinismo y la naturaleza de la causalidad. Si uno viajara atrás en el tiempo y cambiara un acontecimiento importante, ¿qué implicaciones tendría para la línea temporal y los individuos implicados? Además, la idea de múltiples líneas temporales o universos paralelos añade otra capa de complejidad al discurso filosófico sobre los viajes en el tiempo. ¿Cómo conciliamos la existencia de realidades diferentes que coexisten simultáneamente? Estas reflexiones filosóficas ponen de relieve la interconexión del tiempo, el espacio y la conciencia humana, invitándonos a reflexionar sobre la naturaleza misma de la realidad y la existencia. Al explorar estas intrincadas dimensiones filosóficas, llegamos a apreciar las profundas implicaciones de los viajes en el tiempo más allá de la mera especulación científica, ahondando en la esencia de nuestra propia existencia.

La naturaleza del tiempo

El tiempo es un concepto fundamental que ha intrigado a filósofos, científicos y pensadores durante siglos. La naturaleza del tiempo es un tema complejo y polifacético que se ha explorado desde diversas perspectivas. En el ámbito de la física teórica, el tiempo suele considerarse una dimensión entrelazada con el espacio en la fábrica del universo. Desde la escala macroscópica de los acontecimientos cósmicos hasta el ámbito microscópico de la mecánica cuántica, el tiempo desempeña un papel crucial en la configuración de la dinámica del mundo físico. El tiempo no es sólo una progresión lineal de acontecimientos, sino una entidad fluida y maleable en la que pueden influir la gravedad, la velocidad y la energía. La naturaleza del tiempo es un tema fascinante que desafía nuestra percepción de la realidad y abre la posibilidad de conceptos como los viajes en el tiempo y las paradojas temporales, que siguen cautivando nuestra imaginación y suscitando un intenso debate entre eruditos y científicos.

Consideraciones éticas sobre la alteración del pasado

Las consideraciones éticas sobre la alteración del pasado son primordiales a la hora de adentrarse en el complejo reino de los viajes en el tiempo. La mera noción de cambiar acontecimientos que ya han ocurrido plantea dilemas éticos que deben examinarse cuidadosamente. Por un lado, alterar el pasado podría tener consecuencias imprevistas en el presente y el futuro, alterando potencialmente el orden natural de las cosas. Esto podría provocar daños no intencionados o injusticias para las personas o las sociedades. Por otra parte, la oportunidad de rectificar errores pasados o evitar tragedias puede tentarnos a intervenir, lo que suscita debates sobre las implicaciones morales de tales acciones. En última instancia, las implicaciones éticas de alterar el pasado requieren un equilibrio entre los posibles beneficios y los riesgos que conlleva. Nos obliga a considerar el impacto de nuestras acciones en el tejido del tiempo y la responsabilidad ética que tenemos al ejercer tal poder.

El concepto de libre albedrío en los escenarios de viajes en el tiempo

Al considerar el concepto de libre albedrío en los escenarios de viajes en el tiempo, hay que navegar por la intrincada interacción entre determinismo y albedrío. Los viajes en el tiempo postula la capacidad de alterar acontecimientos pasados, enturbiando la progresión lineal tradicional de causa y efecto. Si uno viajara atrás en el tiempo y cambiara una decisión crítica, ¿borraría esta acción la línea temporal original, creando una nueva realidad, o estaría ya predeterminado el curso de los acontecimientos, haciendo inútil el intento? Las implicaciones filosóficas del libre albedrío en los escenarios de viajes en el tiempo ponen de relieve los límites difusos entre la elección y la predestinación. Mientras que algunos argumentan que los viajes en el tiempo desafía intrínsecamente la noción de libre albedrío al introducir la posibilidad de alterar los resultados pasados, otros sostienen que la mera existencia de múltiples líneas temporales implica un destino predeterminado. En última instancia, el concepto de libre albedrío en los escenarios de viajes en el tiempo plantea cuestiones profundas sobre la naturaleza de la elección y el destino en el marco fluido de las paradojas temporales.

XII. LA POSIBILIDAD DE BUCLES TEMPORALES

Uno de los aspectos intrigantes de los viajes en el tiempo es la posibilidad de encontrarse con bucles temporales, situaciones en las que un individuo o un acontecimiento queda atrapado en un ciclo perpetuo de repetición. El marco teórico de los bucles temporales plantea profundas cuestiones sobre la causalidad y la naturaleza de la realidad. En particular, el concepto de bucle temporal desafía nuestra concepción convencional del tiempo como una progresión lineal. Al explorar la posible existencia de bucles temporales, nos adentramos en el ámbito de la física teórica, donde los límites del espacio-tiempo son difusos. La mera noción de estar atrapado en un bucle temporal plantea cuestiones filosóficas sobre el libre albedrío, el determinismo y el concepto de predestinación. Al contemplar las implicaciones de los bucles temporales, nos vemos obligados a reconsiderar nuestra comprensión del tejido del universo y las complejidades de la dinámica temporal. La exploración de los bucles temporales abre un sinfín de posibilidades para futuras investigaciones filosóficas y científicas, ampliando los límites de nuestra comprensión del propio tiempo.

Definición y características

Al contemplar la noción de los viajes en el tiempo, resulta imperativo definir sus parámetros y características. Los viajes en el tiempo, en su esencia, se refiere al movimiento hipotético entre distintos puntos en el tiempo. Este concepto implica a menudo atravesar líneas temporales, alterar acontecimientos y encontrarse con paradojas. Caracterizado por su complejidad y consecuencias potenciales, los viajes en el tiempo plantea cuestiones fundamentales sobre la causalidad, el determinismo y la naturaleza de la realidad. La capacidad de viajar en el tiempo desafía las ideas convencionales de progresión lineal e introduce la posibilidad de que coexistan simultáneamente múltiples líneas temporales. Además, la presencia de paradojas temporales, como la paradoja del abuelo o la paradoja de Bootstrap, pone de relieve la intrincada interacción entre pasado, presente y futuro. Profundizando en los intrincados detalles de los viajes en el tiempo y sus paradojas asociadas, podemos desentrañar los misterios del universo y ampliar nuestra comprensión de la dinámica temporal.

El papel de los bucles temporales en la resolución de paradojas

Los bucles temporales, un recurso argumental habitual en las narraciones de ciencia ficción, pueden desempeñar un papel fundamental en la resolución de las paradojas relacionadas con los viajes en el tiempo. Al crear una línea temporal cerrada y cíclica en la que los acontecimientos se repiten, los bucles temporales ofrecen una explicación plausible de cómo pueden conciliarse las contradicciones e incoherencias. En un escenario de bucle temporal, un individuo puede viajar atrás en el tiempo para alterar acontecimientos pasados, sólo para provocar inadvertidamente que se desarrollen los mismos acontecimientos, asegurando que la historia permanezca inalterada. Esta naturaleza recursiva de los bucles temporales permite resolver paradojas como la paradoja del abuelo o la paradoja de Bootstrap, en las que las acciones en el pasado conducen a contradicciones en el futuro. Al atrapar a los individuos en un ciclo perpetuo de causa y efecto, los bucles temporales ofrecen una solución única a las complejidades de los viajes en el tiempo y a las posibles incoherencias que puedan surgir.

Ejemplos en la ficción y la teoría

Los ejemplos de viajes en el tiempo en la ficción y los debates teóricos pueden aportar valiosas ideas sobre las complejidades y las paradojas asociadas a la alteración del pasado o el futuro. En la ficción, obras como "La máquina del tiempo", de H.G. Wells, y "La mujer del viajero en el tiempo", de Audrey Niffenegger, exploran las consecuencias de los viajes en el tiempo sobre las vidas individuales y las estructuras sociales. Estas narraciones a menudo profundizan en las implicaciones éticas de la manipulación de la línea temporal y plantean cuestiones sobre el libre albedrío y el determinismo. A nivel teórico, físicos como Albert Einstein y Stephen Hawking han propuesto diversas teorías, como el concepto de curvas cerradas de semejanza temporal y el principio de autoconsistencia de Novikov, para explicar cómo podría realizarse los viajes en el tiempo dentro del marco de la relatividad general. Examinando estos ejemplos en la ficción y en la teoría, podemos comprender mejor la intrincada naturaleza de las paradojas temporales y las implicaciones filosóficas de manipular el tiempo.

XIII. LA TEORÍA DEL MULTIVERSO

La Teoría del Multiverso, tal como se explora en el ámbito de la física teórica, ofrece una perspectiva cautivadora sobre el concepto de universos paralelos que coexisten con el nuestro. Dentro de este marco, cada universo representa una realidad diferente, con líneas temporales y resultados únicos que divergen del nuestro en momentos cruciales. Esta teoría desafía las nociones tradicionales de causalidad y plantea cuestiones profundas sobre la naturaleza de la existencia y la interconexión de todas las realidades posibles. En el contexto de los viajes en el tiempo, la Teoría del Multiverso sugiere que viajar al pasado podría conducir a la creación de nuevas líneas temporales y realidades alternativas, evitando potencialmente las paradojas temporales. Al considerar las implicaciones de la Teoría del Multiverso, los investigadores pueden obtener nuevas perspectivas sobre las complejidades del tiempo, el espacio y los principios fundamentales que rigen el universo. En general, esta teoría proporciona una lente sugerente a través de la cual examinar los misterios del cosmos y la naturaleza enigmática de la propia realidad.

Explicación del multiverso

Una de las explicaciones más intrigantes del concepto de los viajes en el tiempo reside en la teoría del multiverso. En esta teoría, se propone que existen múltiples universos paralelos que coexisten junto al nuestro, cada uno con su propio conjunto de leyes y posibilidades físicas. En el marco de este multiverso, la idea de los viajes en el tiempo se hace no sólo posible, sino inevitable, ya que los distintos universos permiten manipular el tiempo de formas que desafían nuestra comprensión tradicional del concepto. Al acceder a estas realidades alternativas, los viajeros en el tiempo podrían desplazarse potencialmente entre distintos puntos temporales, creando una red de líneas temporales interconectadas que podría tener consecuencias de gran alcance. La teoría de los multiversos abre un abanico de posibilidades para explorar las complejidades de los viajes en el tiempo y las paradojas potenciales que podrían surgir de tales viajes a través del tejido del espacio-tiempo.

Implicaciones de los viajes en el tiempo

Las implicaciones de los viajes en el tiempo son vastas y complejas, y afectan a profundas cuestiones filosóficas, éticas y científicas. Una de las consideraciones clave es la posibilidad de crear paradojas mediante los viajes en el tiempo, como la famosa paradoja del abuelo, en la que un viajero en el tiempo retrocede en el tiempo e impide que su abuelo conozca a su abuela, previniendo así su propia existencia. Esta paradoja pone de relieve los potenciales efectos dominó de alterar acontecimientos pasados, planteando cuestiones sobre la causalidad y el libre albedrío. Además, el concepto de líneas temporales múltiples o realidades alternativas añade otra capa de complejidad a la cuestión. Explorar estas implicaciones puede conducir a una comprensión más profunda de la naturaleza del tiempo, la causalidad y los límites del conocimiento humano. En última instancia, enfrentarse a las implicaciones de los viajes en el tiempo desafía nuestros supuestos fundamentales sobre la realidad y abre nuevas vías de explotación tanto en la física teórica como en la metafísica.

Críticas al enfoque del multiverso

Los estudiosos del campo de la física teórica han criticado el enfoque multiversal para comprender los viajes en el tiempo y las paradojas temporales. Una crítica clave es la falta de pruebas empíricas que respalden la existencia de universos paralelos, esenciales para la teoría del multiverso. Sin pruebas concretas, el enfoque del multiverso sigue siendo especulativo e inverificable, lo que lleva a algunos a cuestionar su validez como marco científico. Además, los críticos sostienen que el concepto de un número infinito de universos paralelos plantea dilemas filosóficos sobre la naturaleza de la realidad y el papel de la probabilidad en la determinación de los resultados. Además, los escépticos destacan las complejidades de la interacción con otros universos y la posibilidad de crear aún más paradojas mediante dichas interacciones. En general, aunque el enfoque del multiverso ofrece posibilidades intrigantes para comprender los viajes en el tiempo, sus fundamentos teóricos se han enfrentado a un escrutinio y un escepticismo considerables dentro de la comunidad académica.

XIV. LAS PARADOJAS DE LA INFORMACIÓN

El intrigante reino de los viajes en el tiempo presenta una miríada de paradojas, siendo una de las más desconcertantes la paradoja de la información. En física teórica, el concepto de los viajes en el tiempo plantea cuestiones fundamentales sobre la causalidad y el flujo de información. La idea de que se pueda viajar en el tiempo y alterar el curso de los acontecimientos plantea un dilema paradójico: si se cambiara un acontecimiento pasado, ¿qué implicaciones tendría en el futuro? ¿La línea temporal alterada anularía entonces la razón misma del viaje del viajero en el tiempo? Esta paradoja profundiza en la intrincada relación entre causa y efecto, desafiando nuestra comprensión de las leyes inherentes al universo. A medida que profundizamos en las complejidades de los viajes en el tiempo, nos vemos obligados a enfrentarnos a la enigmática naturaleza de las paradojas de la información, que ofrecen una visión profunda de las alucinantes posibilidades de la exploración temporal.

La transferencia de información a través del tiempo

La transferencia de información a través del tiempo es un concepto fundamental en el estudio de los viajes en el tiempo. Este proceso implica la transmisión de datos o conocimientos de un punto a otro en el tiempo, lo que plantea cuestiones sobre la causalidad y la posibilidad de que surjan paradojas. En las teorías de los viajes en el tiempo, como la Paradoja del Abuelo o la Paradoja de Bootstrap, la transferencia de información desempeña un papel crucial para comprender cómo los cambios en el pasado pueden repercutir en el futuro. Esta transferencia de información a través del tiempo pone de relieve la naturaleza interconectada de los acontecimientos a través de distintos planos temporales, desafiando nuestra comprensión convencional de la causalidad y la linealidad. Analizando las intricacias de la transferencia de información en el contexto de los viajes en el tiempo, podemos comprender mejor las complejidades de la dinámica temporal y las posibilidades teóricas que sustentan este fascinante concepto.

Paradojas derivadas del intercambio de información

Una de las paradojas más intrigantes que surgen del intercambio de información en el contexto de los viajes en el tiempo es la paradoja del arranque. Esta paradoja implica un bucle de información en el que un objeto o fragmento de información se envía atrás en el tiempo y se convierte en lo que inicia la cadena de acontecimientos que condujeron a su creación. Esto plantea preguntas sobre el origen de la información y crea un ciclo autorreferencial sin un punto de origen claro. Al explorar las implicaciones de la paradoja de Bootstrap, se hace evidente que las nociones tradicionales de causa y efecto se difuminan, desafiando nuestra comprensión de la dinámica temporal. Las complejidades de estas paradojas ponen de relieve la naturaleza compleja de los viajes en el tiempo y las consecuencias imprevistas que surgen al manipular la información a través de distintos puntos temporales. Al profundizar en estas paradojas, nos enfrentamos a la naturaleza paradójica inherente al propio tiempo, que nos invita a reconsiderar nuestra comprensión convencional de la causalidad temporal.

Limitaciones teóricas de las paradojas de la información

Una limitación teórica de las paradojas de la información en el contexto de los viajes en el tiempo es el concepto de determinismo. El determinismo sugiere que los acontecimientos del universo están ligados por la causalidad, lo que significa que cada acontecimiento está determinado por los acontecimientos precedentes. Esto plantea un reto para las paradojas de la información relacionadas con los viajes en el tiempo, ya que la posibilidad de cambiar los acontecimientos pasados podría alterar la naturaleza determinista del universo. Si un individuo viajara atrás en el tiempo y alterara un acontecimiento significativo, como impedir su propio nacimiento, las implicaciones de tales acciones serían inmensas. Esto plantea interrogantes sobre la consistencia y coherencia del universo ante los viajes en el tiempo. Así pues, el marco teórico del determinismo presenta una barrera formidable para comprender plenamente y resolver las paradojas de la información en el ámbito de los viajes en el tiempo.

XV. LA FLECHA DEL TIEMPO

Uno de los aspectos más intrigantes de los viajes en el tiempo es el concepto de la flecha del tiempo, que se refiere a la asimetría del flujo temporal del pasado al presente y al futuro. En el contexto de los viajes en el tiempo, la flecha del tiempo adquiere un significado especial, ya que plantea cuestiones sobre la direccionalidad de la causalidad y la posibilidad de que surjan paradojas. Aunque la física teórica permite la posibilidad de viajar en el tiempo, la flecha del tiempo plantea un reto a la hora de mantener una línea temporal coherente y autoconsistente. No se pueden subestimar las implicaciones de este concepto sobre la feasibilidad y las consecuencias de los viajes en el tiempo. Comprender la flecha del tiempo es crucial para desentrañar los misterios de las paradojas temporales y explorar los límites de nuestra comprensión de la naturaleza del propio tiempo. A medida que profundicemos en las complejidades de los viajes en el tiempo, lidiar con la flecha del tiempo será esencial para navegar por el paisaje temporal con claridad y precisión.

Tiempo termodinámico y entropía

El tiempo termodinámico y la entropía desempeñan papeles importantes en el contexto de los viajes en el tiempo y las paradojas temporales. En termodinámica, el tiempo no es una entidad reversible, como indica el aumento de la entropía a lo largo del tiempo. Al viajar en el tiempo, hay que tener en cuenta la flecha del tiempo, lo que puede dar lugar a paradojas si no se tiene debidamente en cuenta. La entropía, al ser una medida del desorden de un sistema, proporciona un marco para comprender la naturaleza irreversible del tiempo y las limitaciones que impone a los hipotéticos escenarios de los viajes en el tiempo. El concepto de tiempo termodinámico pone de relieve la asimetría de las direcciones pasada y futura, destacando los retos de alterar los acontecimientos de forma que no se violen las leyes de la termodinámica. Al incorporar estos principios fundamentales a la exploración de los viajes en el tiempo, podemos comprender mejor las limitaciones y posibilidades que surgen dentro de este intrigante marco teórico.

La percepción psicológica de la dirección del tiempo

La percepción psicológica de la dirección del tiempo desempeña un papel crucial en nuestra comprensión de las paradojas temporales y la factibilidad de los viajes en el tiempo. Los humanos solemos percibir el tiempo como un movimiento lineal, en el que los acontecimientos se suceden en un orden sucesivo, del pasado al presente y al futuro. Esta percepción influye en nuestra capacidad para comprender el concepto de viajar hacia atrás o hacia delante en el tiempo y las implicaciones potenciales de alterar acontecimientos pasados. Los estudios han demostrado que los individuos suelen tener dificultades para imaginar escenarios en los que la flecha del tiempo se invierte, lo que da lugar a paradojas como la del abuelo o la de la bota. Profundizando en los aspectos psicológicos de la percepción del tiempo, podemos comprender cómo nuestras limitaciones cognitivas conforman nuestra comprensión de la dinámica temporal y los retos que plantea la posibilidad teórica de los viajes en el tiempo. Esta conciencia es esencial para desentrañar las complejidades de las paradojas temporales y explorar los límites de nuestra realidad temporal.

La flecha del tiempo en cosmología

desempeña un papel crucial en la comprensión de la evolución del universo. En las teorías cosmológicas, la flecha del tiempo se asocia a menudo con la segunda ley de la termodinámica, que afirma que la entropía siempre aumenta en un sistema cerrado. Esta asimetría temporal, en la que el pasado es distinto del futuro, plantea interrogantes sobre la naturaleza del tiempo y la direccionalidad de los procesos en el cosmos. Desde el Big Bang hasta la formación de las galaxias y la expansión del universo, la flecha del tiempo guía la secuencia de acontecimientos que han dado forma al universo que vemos hoy. Profundizando en los ámbitos interdisciplinarios de la cosmología y la termodinámica, los investigadores siguen explorando las implicaciones de la flecha del tiempo sobre la naturaleza de la existencia y los misterios del cosmos.

XVI. AGUJEROS NEGROS

Los viajes en el tiempo y los agujeros negros llevan mucho tiempo entrelazados en el campo de la física teórica, ofreciendo una visión fascinante de las complejidades del universo. Los agujeros negros, con su intensa atracción gravitatoria y su capacidad para deformar el espacio-tiempo, se consideran a menudo puertas potenciales para atravesar el tejido del tiempo. El concepto de utilizar los agujeros negros como portales para viajar en el tiempo plantea cuestiones intrigantes sobre la naturaleza de la causalidad y las paradojas que podrían surgir de tales viajes. Aunque la idea de utilizar agujeros negros para viajar en el tiempo sigue estando firmemente arraigada en el ámbito de la especulación teórica, las implicaciones de tal posibilidad son profundas. Desde las implicaciones en nuestra comprensión de las leyes de la física hasta las posibles consecuencias en el tejido de la propia realidad, la intersección de los viajes en el tiempo y los agujeros negros ofrece un rico campo de exploración y contemplación en el ámbito de la física teórica.

La estructura de los agujeros negros

Uno de los aspectos más intrigantes de los agujeros negros es su estructura única, que desafía las leyes de la física tal como las conocemos. En el centro de un agujero negro se encuentra la singularidad, un punto de densidad y gravedad infinitas donde se rompen las leyes de la física. Alrededor de la singularidad está el horizonte de sucesos, el punto de no retorno donde ni siquiera la luz puede escapar. Esta estructura crea un fenómeno conocido como dilatación temporal, en el que el tiempo se ralentiza considerablemente a medida que uno se acerca al horizonte de sucesos. La intensa atracción gravitatoria de un agujero negro deforma el tejido del espacio-tiempo, creando una geometría distorsionada que puede curvar la luz e incluso permitir potencialmente los viajes en el tiempo. Comprender la estructura de los agujeros negros es crucial para explorar las posibilidades de los viajes en el tiempo y desentrañar los misterios del universo.

El paso teórico a través de los agujeros negros

El paso teórico a través de agujeros negros presenta un concepto complejo e intrigante dentro del ámbito de los viajes en el tiempo. Según la relatividad general, los agujeros negros son regiones del espacio-tiempo donde la gravedad es tan fuerte que nada, ni siquiera la luz, puede escapar. La singularidad en el centro de un agujero negro es un punto de densidad y curvatura infinitas, donde se rompen las leyes de la física tal como las conocemos. Esto plantea la cuestión de si sería posible atravesar un agujero negro y emerger en otra región del espacio-tiempo, lo que podría dar lugar a escenarios de viajes en el tiempo. Sin embargo, las condiciones extremas cerca del horizonte de sucesos plantean retos importantes, incluidas las fuerzas de marea gravitatorias que espaguetizarían cualquier objeto que intentara atravesarlo. Los pasajes teóricos a través de los agujeros negros ponen de relieve la intrincada interacción entre la gravedad, el espacio-tiempo y las leyes fundamentales de la física, ofreciendo una avenida fascinante, aunque esquiva, para explorar los misterios del tiempo.

Limitaciones y peligros

Existen limitaciones y peligros inherentes al concepto de los viajes en el tiempo, que plantean importantes retos a su viabilidad y consecuencias potenciales. Una limitación principal es la cuestión de la causalidad, en la que alterar acontecimientos del pasado podría dar lugar a paradojas e incoherencias en la línea temporal. Por ejemplo, la famosa paradoja del abuelo pone de relieve el peligro de borrar potencialmente la propia existencia matando al propio abuelo antes de que nazca el padre. Además, el efecto mariposa subraya cómo incluso pequeños cambios en el pasado podrían tener efectos imprevistos y catastróficos en el futuro. Estas limitaciones y peligros subrayan la necesidad de cautela y consideración ética al contemplar la posibilidad de viajar en el tiempo. Por ello, comprender y abordar estos riesgos es esencial para salvaguardar la integridad de la línea temporal y evitar las consecuencias catastróficas que podrían derivarse de la intromisión en el propio tejido del tiempo.

XVII. EL PAPEL DE LA CAUSALIDAD EN LOS VIAJES EN EL TIEMPO

El concepto de causalidad desempeña un papel fundamental en la comprensión de las complejidades de los viajes en el tiempo. En muchas narraciones de viajes en el tiempo, la idea de cambiar acontecimientos del pasado para alterar el futuro es un tema central. Sin embargo, esto plantea la cuestión de si alterar los acontecimientos del pasado crearía paradojas o si la línea temporal simplemente se ajustaría para adaptarse a los cambios. Una teoría postula que cualquier cambio realizado en el pasado crearía líneas temporales ramificadas, en las que la línea temporal original permanece intacta mientras se crea una nueva línea temporal con los acontecimientos alterados. Esta teoría de las líneas temporales múltiples sugiere que la causalidad está preestablecida, ya que cada línea temporal sigue su propia cadena de causa y efecto. Sin embargo, esto plantea otras cuestiones sobre la naturaleza de la realidad y las implicaciones de la coexistencia simultánea de múltiples líneas temporales. Explorar el papel de la causalidad en los viajes en el tiempo revela la intrincada relación entre pasado, presente y futuro, arrojando luz sobre las implicaciones filosóficas de alterar el curso de la historia.

El principio de causalidad

El principio de causalidad es un concepto fundamental en el ámbito de los viajes en el tiempo y las paradojas temporales. En esencia, la causalidad postula que todo acontecimiento es causado por acontecimientos precedentes, creando una cadena de causa y efecto que rige el desarrollo del tiempo. En el contexto de los viajes en el tiempo, atenerse al principio de causalidad se vuelve especialmente complejo, ya que la capacidad de viajar hacia atrás en el tiempo puede alterar la progresión lineal de los acontecimientos. Las paradojas temporales, como la paradoja del abuelo o la paradoja del arranque, surgen cuando un viajero en el tiempo altera inadvertidamente los acontecimientos pasados, dando lugar a contradicciones e incongruencias. Comprender y navegar por las implicaciones de la causalidad en el contexto de los viajes en el tiempo es esencial para desentrañar los entresijos de las paradojas temporales y las posibilidades teóricas que conllevan. A medida que nos adentramos en el mundo enigmático de los viajes en el tiempo, el principio de causalidad nos sirve de luz de guía entre las sombras de las paradojas y las incertidumbres.

Violaciones de la causalidad y sus implicaciones

Explorar las violaciones de la causalidad en el contexto de los viajes en el tiempo abre la caja de Pandora de las implicaciones filosóficas y científicas. Aunque el propio concepto de los viajes en el tiempo sigue siendo en gran medida teórico, la posibilidad de que se produzcan violaciones de la causalidad plantea interrogantes sobre la naturaleza fundamental de la realidad. Si se pudiera viajar en el tiempo y cambiar un acontecimiento pasado, ¿cuáles serían las consecuencias para el futuro? ¿Se crearía una paradoja en la que el presente quedaría alterado hasta quedar irreconocible? Además, la propia existencia de violaciones de la causalidad pone en tela de juicio nuestra comprensión de la causalidad y el determinismo. Nos obliga a reconsiderar la progresión lineal del tiempo y la idea de una línea temporal fija. Las violaciones de la causalidad apuntan a un universo en el que las consecuencias pueden preceder a sus causas, lo que lleva a una ruptura de las relaciones causa-efecto tradicionales. En última instancia, las implicaciones de las violaciones de la causalidad en el ámbito de los viajes en el tiempo amplían los límites de nuestra comprensión del universo y de nuestro lugar en él.

Mecanismos teóricos para preservar la causalidad

Un mecanismo teórico para preservar la causalidad en el contexto de los viajes en el tiempo es el principio de autoconsistencia de Novikov. Propuesto por Igor Novikov, este principio sugiere que cualquier acontecimiento que un viajero en el tiempo pudiera intentar cambiar en el pasado daría lugar inevitablemente a acciones que garantizarían el mismo resultado que el observado originalmente. Este concepto se basa en la idea de que la línea temporal es fija y no puede alterarse, ya que cualquier intento de hacerlo crearía paradojas que son lógicamente imposibles. Al adherirse al principio de autoconsistencia de Novikov, se mantiene la integridad de la causalidad y se evita eficazmente la aparición de paradojas temporales. Este mecanismo teórico proporciona un marco para comprender cómo podría funcionar los viajes en el tiempo dentro de los límites de la causalidad establecida, ofreciendo una solución a las complejas cuestiones que surgen al considerar las implicaciones de viajar en el tiempo.

XVIII. LA VELOCIDAD DE LA LUZ

Los viajes en el tiempo han fascinado durante mucho tiempo tanto a los físicos como al público en general, con especulaciones que van desde la posibilidad de viajar al pasado hasta la exploración de los vastos confines del futuro. Una de las consideraciones clave en el marco teórico de los viajes en el tiempo es la velocidad de la luz, que desempeña un papel crucial a la hora de determinar la viabilidad y los límites de dichos viajes en el tiempo. Según la teoría de la relatividad de Einstein, la velocidad de la luz sirve como límite cósmico de velocidad, impidiendo que cualquier objeto o información sobrepase esta constante fundamental. Como tal, cualquier mecanismo hipotético de los viajes en el tiempo necesitaría navegar por la intrincada interacción entre la velocidad de la luz y la manipulación del espacio-tiempo para evitar paradojas e incoherencias. Comprender las implicaciones de la velocidad de la luz en el contexto de los viajes en el tiempo es esencial para desentrañar las complejidades de las paradojas temporales y desvelar los misterios del universo.

El límite de velocidad cósmica

Uno de los principios fundamentales que rigen la posibilidad de viajar en el tiempo es el límite de velocidad cósmica, también conocido como velocidad de la luz. Según la teoría de la relatividad de Einstein, nada puede viajar más rápido que la velocidad de la luz en el vacío. Esta limitación desempeña un papel crucial en la comprensión de la dinámica de los viajes en el tiempo y de las paradojas potenciales que podrían surgir de él. Al profundizar en el concepto de los viajes en el tiempo, debemos considerar cómo la superación del límite de velocidad cósmica podría provocar incoherencias en la causalidad y alterar el tejido del espacio-tiempo. La restricción impuesta por la velocidad de la luz sirve de salvaguarda contra la alteración de la línea temporal, poniendo de relieve el delicado equilibrio que debe mantenerse al explorar los límites de la manipulación temporal. Mediante un examen exhaustivo del límite de velocidad cósmica, podemos comprender mejor las complejidades de los viajes en el tiempo y la intrincada red de paradojas que pueden surgir.

Partículas hipotéticas y viajes superlumínicos

La física teórica se adentra en el reino de las partículas hipotéticas y el intrigante potencial del viaje superlumínico, que podría revolucionar nuestra comprensión del tiempo y el espacio. Las partículas hipotéticas, como los taquiones, que viajan más rápido que la velocidad de la luz desafían las teorías convencionales de la relatividad y abren nuevas posibilidades para explorar los misterios del universo. Si los viajes superlumínicos se hicieran realidad, podrían permitir la comunicación instantánea a través de grandes distancias, efectos de dilatación temporal e incluso la perspectiva del propio viaje en el tiempo. Sin embargo, las implicaciones de tales avances no están exentas de complejidades, pues plantean cuestiones sobre la cautela, las paradojas y el propio tejido del continuum espaciotemporal. Mientras seguimos ampliando los límites de nuestro conocimiento y tecnología, la intersección de partículas hipotéticas y viajes superlumínicos presenta una tentadora frontera para la exploración y el debate en el ámbito de la física teórica.

El motor de Alcubierre y las burbujas factoriales

El motor de Alcubierre, un concepto teórico propuesto por el físico Miguel Alcubierre en 1994, ha suscitado una gran atención en el ámbito de la física teórica por su potencial para permitir viajes más rápidos que la luz mediante la creación de una burbuja Warp en el espacio-tiempo. Esta burbuja de deformación contraería el espacio delante de una nave espacial y expandiría el espacio detrás de ella, lo que permitiría a la nave "surfear" por el espacio-tiempo a velocidades superiores a la de la luz. Aunque el motor Alcubierre ofrece una solución fascinante a las limitaciones impuestas por la teoría de la relatividad, también plantea numerosos interrogantes y desafíos. La creación de una burbuja Warp de este tipo requeriría materia exótica con densidad de energía negativa, una sustancia que nunca se ha observado en la naturaleza. Además, el potencial del impulsor para distorsionar el espacio-tiempo podría tener consecuencias imprevistas, como la generación de ondas de choque destructivas al llegar a un destino. Estas complejidades ponen de manifiesto la necesidad de seguir investigando y explorando teóricamente la viabilidad y las implicaciones del impulso de Alcubierre para futuros viajes y exploraciones espaciales.

XIX. EXPERIMENTOS TEÓRICOS SOBRE LOS VIAJES EN EL TIEMPO

Experimentos teóricos sobre los viajes en el tiempo, los investigadores se adentran en las complejidades de la manipulación del tiempo, explorando el potencial teórico para atravesar acontecimientos pasados y futuros. La exploración de los viajes en el tiempo plantea cuestiones fundamentales sobre la naturaleza de la causalidad, las paradojas y el propio tejido de la existencia. A medida que los experimentos teóricos amplían los límites de nuestra comprensión de la física temporal, surgen nuevas ideas sobre las posibilidades y limitaciones de tales esfuerzos. Los marcos teóricos dilucidan la intrincada interacción del tiempo, el espacio y la materia, ofreciendo vislumbres del enigmático reino de los viajes en el tiempo. Mediante análisis rigurosos y experimentos mentales innovadores, los investigadores navegan por la intrincada red de construcciones teóricas, arrojando luz sobre las profundas implicaciones de jugar con el tejido del tiempo. En última instancia, estas exploraciones teóricas desafían las nociones convencionales de la realidad y abren nuevas perspectivas para la contemplación filosófica y la investigación científica.

Experimentos mentales sobre los viajes en el tiempo

Los experimentos mentales sobre viajes en el tiempo han cautivado durante mucho tiempo la imaginación de científicos, filósofos y escritores de ficción. Estos escenarios hipotéticos sirven como valiosas herramientas para explorar las paradojas y complejidades inherentes al concepto de viajar en el tiempo. Empezando por los principios fundamentales de la física, los experimentos mentales a menudo implican cuestionar supuestos sobre la causalidad, el libre albedrío y la naturaleza de la propia realidad. En medio de estas exploraciones se encuentran intrincadas consideraciones sobre la Paradoja del Abuelo, la Paradoja de la Trampa y el Efecto Mariposa, entre otras, cada una de las cuales suscita una profunda reflexión sobre las posibles consecuencias de alterar acontecimientos pasados. A medida que se desarrollan estos experimentos mentales, iluminan la intrincada red de líneas temporales interconectadas y plantean profundas preguntas sobre la naturaleza del tiempo y las limitaciones de la comprensión humana. En definitiva, el estudio de los experimentos mentales sobre viajes en el tiempo amplía los límites de nuestro conocimiento y nos invita a reflexionar sobre los misterios del universo con una curiosidad y un asombro renovados.

Experimentos prácticos y observaciones

Los experimentos prácticos y las observaciones desempeñan un papel crucial a la hora de probar la viabilidad de los viajes en el tiempo y descubrir posibles paradojas temporales. Mediante la realización de experimentos controlados, los investigadores pueden reunir datos empíricos que respalden sus modelos teóricos y predicciones sobre la dilatación temporal, los bucles de causalidad y otros fenómenos relacionados. Observando cuidadosamente los resultados de estos experimentos, los científicos pueden detectar cualquier incoherencia o anomalía que pueda surgir, arrojando luz sobre la intrincada dinámica de la manipulación del tiempo. Estas investigaciones prácticas sirven de puente entre la especulación teórica y las pruebas tangibles, ofreciendo una oportunidad única de explorar las implicaciones de los viajes en el tiempo de forma práctica. Como tal, el examen diligente de los experimentos y observaciones prácticos representa un aspecto clave para desentrañar los misterios que rodean a los viajes en el tiempo y desentrañar las complejidades de las paradojas temporales.

El papel de la experimentación en el avance de la teoría

La experimentación desempeña un papel crucial en el avance de la teoría en el ámbito de las paradojas temporales y los viajes en el tiempo. Mediante la experimentación, los físicos teóricos pueden probar la validez de sus hipótesis y modelos, lo que conduce a una comprensión más profunda de los complejos conceptos en juego. Al diseñar experimentos que amplíen los límites de nuestro conocimiento actual, los investigadores pueden descubrir nuevas perspectivas y, potencialmente, incluso fenómenos insospechados. Este proceso de experimentación no sólo sirve para validar las teorías existentes, sino que también ayuda a refinarlas y ampliarlas, impulsando el progreso en el campo de la física teórica. Mediante una combinación de modelos teóricos y pruebas empíricas, los científicos pueden refinar continuamente su comprensión de los viajes en el tiempo y las paradojas temporales, ampliando en última instancia los límites de nuestro conocimiento y allanando el camino para nuevos avances teóricos en el futuro.

XX. LA COMPLEJIDAD COMPUTACIONAL

Los viajes en el tiempo, un concepto largamente explorado en la ciencia ficción, plantea cuestiones intrigantes sobre la naturaleza del propio tiempo y las complejidades que pueden surgir al alterarlo. Una de estas complejidades reside en los aspectos computacionales de la manipulación del tiempo. La capacidad de viajar en el tiempo requeriría la resolución de ecuaciones increíblemente complejas, con cálculos polifacéticos que van más allá de nuestra comprensión actual de la física. La complejidad computacional de los viajes en el tiempo plantea importantes cuestiones sobre la viabilidad y factibilidad de tales empresas. ¿Podría nuestra tecnología informática actual realizar los inmensos cálculos necesarios para viajar en el tiempo? ¿Cómo afectaría alterar el pasado o el futuro a los procesos informáticos implicados? Estas preguntas subrayan la necesidad de una exploración más profunda de la relación entre los viajes en el tiempo y la complejidad computacional, arrojando luz sobre la intrincada interacción entre la física teórica y las aplicaciones prácticas en el ámbito de la manipulación del tiempo.

Los viajes en el tiempo en los modelos computacionales

Los viajes en el tiempo en modelos computacionales abre un abanico de posibilidades en la física teórica, permitiendo a los investigadores explorar diversos escenarios y sus implicaciones en la causalidad y las paradojas. Manipulando variables y algoritmos dentro de estos modelos, los científicos pueden simular los efectos de la dilatación del tiempo, los agujeros de gusano y otros conceptos teóricos, ofreciendo una visión de la naturaleza del propio tiempo. Estos modelos computacionales proporcionan una valiosa herramienta para probar la coherencia de distintos escenarios de viajes en el tiempo y estudiar las posibles consecuencias de alterar la línea temporal. Sin embargo, la complejidad inherente a estos modelos exige un enfoque riguroso para garantizar la precisión y la coherencia de los resultados. A medida que los investigadores profundizan en los entresijos de los viajes en el tiempo en modelos computacionales, deben navegar por la intrincada red de paradojas que podrían surgir, arrojando luz sobre los principios fundamentales que rigen el tejido del espacio-tiempo.

El problema P vs NP en un contexto de los viajes en el tiempo

En el contexto de los viajes en el tiempo, el infame problema P vs NP adquiere una nueva dimensión de complejidad. Este enigma computacional, que explora la eficiencia de los algoritmos en la resolución de problemas, se vuelve aún más desconcertante cuando se considera en el marco del viaje temporal. El reto de determinar si la solución de un problema puede verificarse rápidamente (P) en comparación con el tiempo necesario para encontrar una solución (NP) se ve afectado profundamente por la naturaleza no lineal de la manipulación del tiempo. La capacidad de acceder potencialmente a información futura para resolver problemas en el presente plantea interrogantes sobre la propia naturaleza de la complejidad y la computación. ¿Podrían los viajeros en el tiempo poseer la clave para desbloquear problemas NP en tiempo polinómico, o las reglas de la causalidad y las paradojas impedirían tales atajos? La intersección de la física teórica y la teoría computacional en el ámbito de los viajes en el tiempo abre un vasto campo de especulación e investigación.

El impacto de los viajes en el tiempo en la teoría computacional

Los viajes en el tiempo ha sido durante mucho tiempo un elemento básico de la ciencia ficción, pero su impacto potencial en la teoría computacional plantea cuestiones intrigantes. El concepto mismo de los viajes en el tiempo desafía los supuestos fundamentales de la teoría computacional, como la causalidad y el determinismo. Si los viajes en el tiempo fuera posible, podría dar lugar a paradojas que desafían las nociones tradicionales de la computación, como la paradoja del abuelo o la paradoja de Bootstrap. Estas paradojas plantean retos importantes para comprender las implicaciones lógicas de los viajes en el tiempo en los procesos computacionales. Además, la posibilidad de que la información se transmita en bucle a través del tiempo o de que coexistan múltiples versiones de la realidad crea problemas complejos para los modelos computacionales. A medida que los investigadores profundicen en las implicaciones de los viajes en el tiempo en la teoría computacional, puede que sea necesario desarrollar nuevos marcos y paradigmas para abordar las complejidades de la manipulación del tiempo en el ámbito de la computación.

XXI. EL PRINCIPIO ANTRÓPICO

El Principio Antrópico postula que el universo debe ser compatible con la vida consciente que lo observa, sugiriendo que las constantes fundamentales y las leyes de la física están ajustadas para albergar vida. Al considerar los viajes en el tiempo en el marco del Principio Antrópico, hay que cuestionarse las implicaciones de alterar la línea temporal y perturbar potencialmente las condiciones necesarias para la existencia humana. Las paradojas que podrían surgir de los viajes en el tiempo, como la paradoja del abuelo o la paradoja de Bootstrap, ponen de relieve el delicado equilibrio de la causalidad y la interconexión de los acontecimientos en el universo. Los viajes en el tiempo plantea profundas cuestiones filosóficas y éticas sobre la naturaleza de la realidad y las consecuencias de manipular el tiempo. Explorar estos conceptos a través de la lente del Principio Antrópico ofrece una perspectiva única sobre las implicaciones de la manipulación temporal y la intrincada relación entre el tiempo, la conciencia y la existencia.

Definición del principio antrópico

El principio antrópico es un concepto de la física teórica que sugiere que el universo debe ser compatible con la vida consciente que lo observa. Este principio suele dividirse en dos categorías: el principio antrópico débil, que postula que en el universo deben darse las condiciones necesarias para la existencia de observadores, y el principio antrópico fuerte, que va más allá y sugiere que el universo fue diseñado específicamente para albergar vida. Al examinar el principio antrópico, nos vemos obligados a considerar la intrincada relación entre las leyes de la naturaleza y la existencia de seres inteligentes capaces de observarlas. Este concepto plantea cuestiones profundas sobre la naturaleza de la realidad, el propósito del universo y el papel de los observadores conscientes en la configuración del cosmos. Al adentrarnos en las complejidades del principio antrópico, nos vemos empujados a contemplar las conexiones fundamentales entre la vida, el universo y las leyes de la física.

Su aplicación a los escenarios de viajes en el tiempo

La aplicación de la teoría cuántica a los escenarios de viajes en el tiempo introduce una complejidad que desafía la comprensión convencional. En estos escenarios, el concepto de causalidad se pone a prueba, ya que los acontecimientos ocurren de forma no lineal. La noción de líneas temporales paralelas y realidades alternativas resulta esencial para comprender los posibles resultados de los viajes en el tiempo. Una de las consideraciones clave es la teoría de las curvas temporales cerradas, que permiten la posibilidad de bucles temporales y acontecimientos autoconsistentes. Estos conceptos sugieren que el tejido del tiempo no es fijo, sino maleable, sujeto a manipulación mediante tecnologías avanzadas o sucesos naturales. Sin embargo, las implicaciones de alterar acontecimientos pasados plantean profundas cuestiones sobre el libre albedrío, el determinismo y la naturaleza de la propia realidad. A medida que nos adentramos en el ámbito especulativo de los viajes en el tiempo, los límites entre ciencia y ciencia ficción se difuminan, invitando a una mayor exploración y contemplación.

Críticas al razonamiento antrópico en los viajes en el tiempo

Las críticas al razonamiento antrópico en los viajes en el tiempo suelen centrarse en las limitaciones y suposiciones inherentes a este enfoque cuando se trata de resolver paradojas temporales. Una crítica clave es que el razonamiento antrópico tiende a simplificar en exceso las complejas relaciones causales al centrarse únicamente en la perspectiva del observador. Los críticos sostienen que este método puede pasar por alto factores y variables importantes que podrían influir en el resultado de los escenarios de los viajes en el tiempo. Además, los escépticos señalan que el razonamiento antrópico a menudo se basa en juicios e interpretaciones subjetivas, lo que puede llevar a conclusiones sesgadas. Además, los detractores del razonamiento antrópico en los viajes en el tiempo sugieren que este enfoque puede no ser adecuado para abordar paradojas que impliquen múltiples líneas temporales o universos paralelos. A medida que los estudiosos siguen explorando las implicaciones de los viajes en el tiempo, es esencial considerar una amplia gama de metodologías y perspectivas para comprender plenamente las complejidades de los fenómenos temporales.

XXII. EL FIN DEL UNIVERSO

En el ámbito de la física teórica, el concepto de los viajes en el tiempo ha cautivado durante mucho tiempo las mentes de científicos y filósofos por igual. Al adentrarnos en las intrincadas complejidades de las paradojas temporales, no podemos ignorar la inminente cuestión del fin del universo. ¿Podría los viajes en el tiempo desempeñar un papel en la determinación de la forma en que el universo llega a su fin definitivo? La idea de viajar hacia atrás o hacia delante en el tiempo abre un sinfín de posibilidades, incluida la posibilidad de presenciar el fin mismo de la existencia. ¿Podrían los viajeros en el tiempo alterar el curso de los acontecimientos que conducen al fin del universo, o simplemente estamos jugando un destino predeterminado? A medida que nos enfrentamos a las implicaciones de los viajes en el tiempo y a la infinita extensión del cosmos, la interacción entre estos dos profundos conceptos nos deja con más preguntas que respuestas, empujando las fronteras de nuestra comprensión de la existencia hasta sus propios límites.

El destino final del universo

El destino final del universo es un tema de gran debate y especulación en el ámbito de la física teórica. Las teorías actuales sugieren que el universo se expande a un ritmo acelerado, lo que conduce al concepto de "muerte por calor" o "Gran Congelación". En este escenario, el universo alcanza finalmente un estado de máxima entropía, en el que toda la energía se distribuye uniformemente y no puede realizarse más trabajo. Esto provocaría el cese de todos los procesos y la muerte final de todas las estrellas, dejando tras de sí un cosmos frío, oscuro y sin vida. Sin embargo, otras teorías proponen resultados alternativos, como el "Big Crunch", en el que el universo se colapsa sobre sí mismo debido a las fuerzas gravitatorias. Independientemente del destino concreto que aguarde a nuestro universo, el concepto de su desaparición definitiva plantea cuestiones profundas sobre la naturaleza del tiempo, la existencia y los límites de nuestra comprensión del cosmos. Al explorar la posibilidad de los viajes en el tiempo y las paradojas temporales que puede conllevar, también debemos considerar las implicaciones de estos posibles resultados para el destino del universo en su conjunto.

Los viajes en el tiempo cerca o después del fin de los tiempos

Al considerar los viajes en el tiempo cerca o después del final del tiempo, hay que lidiar con las implicaciones de la física temporal que sobrepasan los límites de nuestra comprensión. A medida que el tiempo se acerca a su fin último, el propio tejido de la realidad se tensa hasta sus límites, abriendo posibilidades que antes se creían imposibles. En este escenario, las reglas tradicionales de la causalidad y la cronología ya no son aplicables, lo que conduce a una reconfiguración de cómo percibimos el tiempo y sus efectos en nuestra realidad. El concepto de viajar a un punto más allá del fin del tiempo cuestiona nuestra propia noción de la existencia, obligándonos a enfrentarnos a los límites de nuestro conocimiento y comprensión. Al profundizar en las complejidades de las paradojas temporales en el contexto de la desaparición definitiva del tiempo, nos enfrentamos a un reino de posibilidades que desafían la sabiduría convencional y nos retan a ampliar nuestros horizontes más allá de lo que creíamos posible.

Construcciones teóricas del tiempo en un universo finito

Al explorar las construcciones teóricas del tiempo en un universo finito, hay que lidiar con la intrincada interacción entre cosmología, relatividad y mecánica cuántica. En el marco de un universo limitado por parámetros finitos, la naturaleza del tiempo se convierte en un aspecto fundamental para comprender la evolución y la dinámica del universo. El tiempo no es simplemente una progresión lineal del pasado al futuro, sino una dimensión compleja que interactúa con el espacio y la materia de formas profundas. El concepto de dilatación del tiempo, predicho por la teoría de la relatividad de Einstein, complica aún más nuestra comprensión del tiempo en un universo finito, sugiriendo que el tiempo no es una entidad fija, sino más bien una variable que puede verse influida por la presencia de masa y energía. Las implicaciones de tales construcciones teóricas para la posibilidad de los viajes en el tiempo y el potencial de las paradojas temporales son profundas, e invitan a seguir explorando y especulando sobre la naturaleza del propio tiempo en un cosmos finito.

XXIII. LOS EFECTOS PSICOLÓGICOS DE LOS VIAJES EN EL TIEMPO

Adentrarse en el ámbito de los viajes en el tiempo no sólo plantea retos y paradojas físicas, sino también profundas implicaciones psicológicas que no pueden pasarse por alto. El concepto de viajar en el tiempo, presenciar acontecimientos históricos, alterar el curso de la propia vida y enfrentarse a las consecuencias de las propias acciones en diferentes líneas temporales puede tener un impacto significativo en el bienestar mental de un individuo. La desorientación de navegar por distintas épocas, los dilemas morales de cambiar el pasado y las cuestiones existenciales que surgen de la manipulación del tiempo contribuyen a crear un complejo tapiz de efectos psicológicos. Hay que tener en cuenta los estragos que los viajes en el tiempo causa en la mente humana, ya que los límites de la realidad se difuminan y el tejido de la existencia se estira más allá de la comprensión. Al comprender las dimensiones psicológicas de los viajes en el tiempo, obtenemos una perspectiva más holística de las profundas implicaciones de los viajes temporales.

Percepción y experiencia humanas del tiempo

La percepción y experiencia humanas del tiempo es un fenómeno complejo y polifacético que ha intrigado a filósofos, científicos y teólogos durante siglos. La naturaleza subjetiva del tiempo puede verse influida por infinidad de factores, como las emociones, la memoria y el contexto cultural. Cada persona puede percibir el tiempo de forma diferente, basándose en sus propias experiencias y sesgos cognitivos. Esta variabilidad en la percepción puede influir en el modo en que los individuos interpretan los acontecimientos, toman decisiones y planifican el futuro. En el contexto de los viajes en el tiempo y las paradojas temporales, es crucial comprender los entresijos de la percepción humana. La forma en que percibimos y experimentamos el tiempo puede afectar significativamente a nuestra comprensión de la causalidad, la continuidad y la posibilidad misma de alterar el pasado o el futuro. Explorar la intrincada relación entre la percepción humana y el concepto de tiempo permite un examen más profundo de las implicaciones y consecuencias de los escenarios de viajes en el tiempo.

El impacto mental del desplazamiento en el tiempo

El impacto mental del desplazamiento en el tiempo es un aspecto complejo e intrigante del concepto teórico de los viajes en el tiempo. Cuando los individuos son desplazados en el tiempo, se ven obligados a enfrentarse a una profunda alteración de su realidad percibida. Este trastorno puede provocar problemas psicológicos como desorientación, confusión e incluso crisis de identidad. El tejido mismo del sentido de uno mismo y de la comprensión del mundo puede verse fundamentalmente sacudido por la experiencia del desplazamiento temporal. Además, la posibilidad de encontrarse con paradojas y líneas temporales alteradas puede crear una mayor disonancia cognitiva y agitación emocional. Es crucial que las personas que participen en debates teóricos o experimentos relacionados con los viajes en el tiempo tengan en cuenta no sólo las implicaciones físicas, sino también el profundo impacto mental y emocional que el desplazamiento temporal puede tener en la psique humana. Profundizando en las complejidades de las repercusiones mentales del desplazamiento temporal, podemos llegar a comprender mejor la intrincada dinámica que entra en juego en el reino de las paradojas temporales.

Mecanismos de afrontamiento de la desorientación temporal

Un mecanismo de afrontamiento de la desorientación temporal es la práctica del Mindfulness, que implica centrarse en el momento presente y cultivar la conciencia sin juzgar. Enraizándose en el aquí y el ahora, las personas pueden reducir la ansiedad y la confusión relacionadas con las experiencias de los viajes en el tiempo. Otra estrategia de afrontamiento eficaz es buscar el apoyo de otras personas, ya sea mediante terapia, grupos de apoyo o conversaciones con personas de confianza. Hablar con otras personas sobre las paradojas temporales y los retos de navegar por distintos periodos de tiempo puede proporcionar validación y perspectiva. Además, participar en actividades que fomenten la relajación y la reducción del estrés, como la meditación o el yoga, puede ayudar a las personas a gestionar los sentimientos de desorientación y mantener la calma. En general, cultivar el Mindfulness, buscar apoyo y dar prioridad al autocuidado pueden ser herramientas valiosas para afrontar las complejidades de la desorientación temporal durante las aventuras de viajes en el tiempo.

XXIV. REVISIONISMO HISTÓRICO

Los viajes en el tiempo plantean un reto único cuando se considera el potencial del revisionismo histórico. La capacidad de retroceder en el tiempo y cambiar los acontecimientos plantea dudas sobre la autenticidad del pasado. Si los individuos pueden alterar los acontecimientos históricos, ¿qué implicaciones tiene esto en nuestra comprensión de la historia? ¿Se alteraría permanentemente la línea temporal, o podrían deshacerse los cambios para restablecer el curso original de los acontecimientos? Además, ¿cómo afectarían estas alteraciones al presente y al futuro? El revisionismo histórico ya se produce a través de la reinterpretación de los acontecimientos, pero con los viajes en el tiempo, las apuestas se elevan significativamente. Las paradojas que surgen de la intromisión en el pasado tienen el potencial de crear un ciclo interminable de revisiones y correcciones, desdibujando la línea entre lo que es verdad y lo que es una realidad alterada. En última instancia, los viajes en el tiempo y el revisionismo histórico plantean profundas cuestiones filosóficas y éticas sobre la naturaleza de la verdad y las consecuencias de manipular el pasado.

El atractivo de alterar la historia

El atractivo de alterar la historia reside en el poder de remodelar el curso de los acontecimientos, quizás rectificando errores pasados o influyendo en los resultados futuros. La noción misma de viajar en el tiempo conlleva una sensación de control y agencia sobre el desarrollo de la realidad, una perspectiva tentadora para quienes pretenden cambiar el mundo. Sin embargo, las ramificaciones de tales alteraciones son de gran alcance y potencialmente catastróficas, dando lugar a paradojas temporales que pueden desestabilizar el tejido de la existencia. El deseo de manipular el pasado plantea profundas cuestiones éticas sobre la naturaleza del libre albedrío y las consecuencias de jugar con el delicado equilibrio del tiempo. A medida que profundizamos en las complejidades de la física teórica y en las implicaciones de las paradojas temporales, se hace evidente que el encanto de alterar la historia debe atemperarse con cautela y un profundo respeto por los misterios del universo.

El impacto potencial en el presente

El impacto potencial sobre el presente en el contexto de los viajes en el tiempo y las paradojas temporales es una cuestión compleja y polifacética que debe considerarse cuidadosamente. Si los individuos viajaran atrás en el tiempo y realizaran cambios en el pasado, incluso alteraciones aparentemente pequeñas podrían tener efectos dominó que alteraran drásticamente el curso de la historia tal y como la conocemos. El resultado podría ser un presente irreconocible, con cambios significativos en la tecnología, la política, la cultura y la sociedad. Además, la introducción de los viajes en el tiempo podría dar lugar a dilemas éticos y paradojas que desafiarían nuestra comprensión de la causalidad y el libre albedrío. Por ello, es crucial que los investigadores y los responsables políticos evalúen detenidamente las posibles consecuencias de los viajes en el tiempo sobre el presente antes de seguir experimentando o implantando esta tecnología.

Consideraciones éticas sobre el cambio del pasado

Las consideraciones éticas en torno a la idea de cambiar el pasado mediante los viajes en el tiempo son complejas y polifacéticas. En primer lugar, hay que abordar la cuestión de si alterar el pasado es moralmente permisible. Algunos argumentan que cambiar el pasado podría tener consecuencias imprevistas y alterar el curso natural de los acontecimientos, pudiendo causar daños a individuos o alterar el curso de la historia de formas imprevistas. Además, la capacidad de cambiar el pasado podría plantear cuestiones de poder y control, ya que quienes tengan acceso a la tecnología de los viajes en el tiempo podrían tratar de manipular los acontecimientos históricos para servir a sus propios intereses. Sin embargo, los partidarios de alterar el pasado pueden argumentar que podría utilizarse para obtener resultados positivos, como evitar tragedias o mejorar la vida de las personas. En definitiva, las implicaciones éticas de cambiar el pasado mediante los viajes en el tiempo requieren una cuidadosa consideración y deliberación para navegar por las complejidades de alterar la historia sin causar daño ni violar los principios morales.

XXV. LA ECONOMÍA DE LOS VIAJES EN EL TIEMPO

El concepto de los viajes en el tiempo plantea cuestiones intrigantes no sólo sobre la mecánica de los viajes en el tiempo, sino también sobre las posibles implicaciones económicas. Al considerar la economía de los viajes en el tiempo, primero hay que examinar los costes asociados al desarrollo y mantenimiento de la tecnología necesaria para tal hazaña. Los recursos, la experiencia y la infraestructura necesarios para construir una máquina del tiempo podrían ser inmensos, lo que conllevaría importantes inversiones financieras. Además, hay que tener en cuenta las consecuencias económicas de alterar acontecimientos pasados o interactuar con diferentes líneas temporales. El potencial para crear nuevas industrias, alterar los mercados e influir en las economías mundiales mediante la manipulación del tiempo añade una capa compleja a un fenómeno ya de por sí intrincado. La económica de los viajes en el tiempo ofrece una lente fascinante a través de la cual explorar la intersección de la ciencia, la tecnología y las finanzas, suscitando una mayor contemplación de las implicaciones de la exploración temporal.

Los sistemas económicos potenciales que implican los viajes en el tiempo

Un posible sistema económico basado en los viajes en el tiempo podría revolucionar la forma de producir y consumir bienes y servicios. La capacidad de viajar hacia atrás o hacia delante en el tiempo ofrecería oportunidades de arbitraje, permitiendo a los individuos o a las empresas aprovechar las discrepancias de precios entre distintos periodos de tiempo. Esto podría conducir a una asignación más eficiente de los recursos y a la acumulación de riqueza. Sin embargo, la implantación de un sistema de este tipo también plantearía problemas éticos y normativos, ya que la manipulación del tiempo para obtener beneficios económicos podría dar lugar a ventajas injustas o consecuencias no deseadas. Además, las complejidades de la gestión de una economía temporal, incluidos los problemas de inflación, inestabilidad del mercado e implicaciones morales, requerirían una cuidadosa consideración y supervisión. Por lo tanto, aunque el concepto de utilizar los viajes en el tiempo con fines económicos es intrigante, plantea retos importantes que deben abordarse antes de convertirse en una realidad factible.

Los viajes en el tiempo y la asignación de recursos

Los viajes en el tiempo plantea un reto único en términos de asignación de recursos, ya que la capacidad de atravesar el tiempo podría tener implicaciones significativas en la distribución y utilización de los recursos. El concepto de los viajes en el tiempo plantea cuestiones sobre las consideraciones éticas de alterar acontecimientos pasados para asegurar recursos futuros. Hay que considerar si la explotación de recursos del pasado crearía un efecto dominó, alterando el curso de la historia y conduciendo potencialmente a consecuencias imprevistas. Además, la asignación de recursos para el propio viaje en el tiempo plantea preocupaciones sobre la priorización de esta tecnología frente a otras necesidades acuciantes de la sociedad. El dilema ético de la asignación de recursos en los escenarios de viajes en el tiempo pone de manifiesto la complejidad de equilibrar las necesidades presentes con las posibilidades futuras. A medida que profundizamos en las implicaciones teóricas de los viajes en el tiempo, es esencial considerar detenidamente las implicaciones éticas y prácticas de la asignación de recursos en este territorio inexplorado.

Paradojas económicas y sus resoluciones

Las paradojas económicas surgen a menudo en los debates teóricos, reflejando las complejidades e interrelaciones de los sistemas económicos. Una de estas paradojas es el concepto de la "paradoja del ahorro", según el cual el ahorro individual puede provocar una disminución de la demanda agregada y una desaceleración económica. Esta paradoja pone de relieve la tensión entre la racionalidad individual y los resultados colectivos. Otra paradoja económica común es la "falacia de la composición", que se produce cuando una determinada acción puede ser beneficiosa para un individuo o grupo, pero perjudicial cuando la adopta todo el mundo. Resolver estas paradojas económicas requiere una comprensión matizada de los principios macroeconómicos y de la interconexión de los agentes económicos. Los responsables políticos pueden abordar estas paradojas mediante intervenciones específicas, como el estímulo fiscal para contrarrestar la paradoja del ahorro o medidas reguladoras para mitigar la falacia de la composición. Navegando por estas paradojas económicas con un análisis cuidadoso e intervenciones estratégicas, se puede conseguir una economía más estable y próspera.

XXVI. LA LITERATURA Y EL ARTE

El concepto de los viajes en el tiempo ha cautivado la imaginación de artistas y escritores durante siglos, permitiéndoles explorar las posibilidades y consecuencias de manipular la línea temporal de los acontecimientos. En literatura, obras como "La máquina del tiempo" de H.G. Wells y "La mujer del viajero en el tiempo" de Audrey Niffenegger han profundizado en las complejidades de la manipulación temporal, explorando temas como el destino, el libre albedrío y la naturaleza de la realidad. Del mismo modo, en el arte, creadores como Salvador Dalí y René Magritte han representado visiones surrealistas de los viajes en el tiempo a través de sus pinturas surrealistas, desafiando a los espectadores a reconsiderar sus percepciones del tiempo y el espacio. Estas representaciones artísticas no sólo entretienen e intrigan al público, sino que también sirven como vehículos para la contemplación filosófica y la especulación sobre la naturaleza de la existencia. A través de la literatura y el arte, los viajes en el tiempo se convierte en una lente a través de la cual podemos explorar los límites del conocimiento y la experiencia humanos.

Exploración literaria de los viajes en el tiempo

La exploración literaria de los viajes en el tiempo ha sido un tema recurrente en la ciencia ficción, que ofrece a los escritores un lienzo para representar complejas paradojas temporales y explorar las consecuencias de alterar el pasado. A través de la lente de los viajes en el tiempo, los autores pueden ahondar en cuestiones filosóficas sobre el libre albedrío, el determinismo y la naturaleza de la realidad. Obras como "La máquina del tiempo" de H.G. Wells y "El ruido de un trueno" de Ray Bradbury han cautivado a los lectores con intrincadas narraciones que desafían nuestra comprensión de la causa y el efecto. Estas historias sirven a menudo como experimentos mentales, invitando a los lectores a contemplar las implicaciones de los viajes en el tiempo en el tejido del universo. Al participar en estos viajes literarios a través del tiempo, nos vemos obligados a reflexionar sobre nuestras propias percepciones del tiempo, la memoria y la existencia, lo que nos lleva a un examen más profundo del enigmático concepto de manipulación temporal.

Representaciones artísticas del desplazamiento temporal

Las representaciones artísticas del desplazamiento temporal en diversos medios de comunicación, como la literatura, el cine y las artes visuales, constituyen una exploración convincente de las complejidades de los viajes en el tiempo. Estas representaciones suelen mostrar a personajes que navegan por distintos periodos de tiempo, creando una narrativa que desafía nuestra comprensión de la causa y el efecto. Utilizando medios artísticos, los creadores pueden captar visualmente las complejidades de las paradojas temporales y las posibles consecuencias de alterar el pasado o el futuro. A través de estas representaciones imaginativas, se invita al público a contemplar las implicaciones filosóficas de los viajes en el tiempo, cuestionando la naturaleza de la existencia y los límites de la percepción humana. Al adentrarnos en estas interpretaciones artísticas del desplazamiento temporal, se nos anima a reflexionar sobre nuestra propia relación con el tiempo y la interconexión del pasado, el presente y el futuro, fomentando una apreciación más profunda del enigmático concepto del tiempo en sí.

La influencia de los viajes en el tiempo en la expresión creativa

El concepto de viajar en el tiempo ha cautivado durante mucho tiempo las mentes de las personas creativas, sirviendo como una rica fuente de inspiración para la expresión artística. Los viajes en el tiempo permiten a los creadores explorar temas como la nostalgia, el arrepentimiento y el paso del tiempo de una forma única e imaginativa. Jugando con los límites del tiempo, los artistas pueden elaborar intrincadas narraciones que desafían las convenciones narrativas convencionales e invitan al público a ponderar las complejidades de la existencia temporal. La capacidad de manipular el tiempo en una obra creativa abre un mundo de posibilidades, permitiendo una narración no lineal, líneas temporales alternativas y paradojas que invitan a la reflexión. A través de la lente de los viajes en el tiempo, los creadores pueden ahondar en cuestiones existenciales sobre la identidad, el destino y la interconexión del pasado, el presente y el futuro. En última instancia, la influencia de los viajes en el tiempo en la expresión creativa subraya el ilimitado potencial de la imaginación humana para trascender las limitaciones de la realidad y explorar los infinitos reinos de la posibilidad.

XXVII. BIOLOGÍA EVOLUTIVA

Los viajes en el tiempo y la biología evolutiva se entrecruzan de formas profundas que desafían nuestra comprensión de la naturaleza de la vida misma. El concepto de los viajes en el tiempo abre la posibilidad de conocer los procesos evolutivos que han dado forma a la vida en la Tierra a lo largo de millones de años. Viajando atrás en el tiempo, los científicos podrían observar de primera mano la aparición de adaptaciones clave e hitos evolutivos. Ello podría aportar valiosísimos conocimientos sobre los mecanismos que impulsan la evolución y los factores que influyen en la diversificación de las especies. Sin embargo, en este escenario también se vislumbra el potencial de las paradojas temporales. Si los individuos viajaran atrás en el tiempo y alteraran los acontecimientos evolutivos, las repercusiones podrían ser catastróficas, provocando una ruptura de la línea temporal y la aparición de resultados impredecibles. Por lo tanto, la exploración de los viajes en el tiempo en el ámbito de la biología evolutiva debe abordarse con cautela y una consideración meticulosa de las posibles consecuencias que puedan surgir.

Consecuencias evolutivas de los viajes en el tiempo

Las consecuencias evolutivas de los viajes en el tiempo son objeto de mucha especulación y debate en el ámbito de la física teórica. Si los viajes en el tiempo fuera realmente posible, podría tener implicaciones profundas para el curso de la evolución en la Tierra. Una consecuencia potencial es la interrupción de la progresión natural de las especies a lo largo del tiempo. Por ejemplo, si un viajero retrocediera en el tiempo e introdujera inadvertidamente una especie extraña en un ecosistema del pasado, podría tener importantes efectos dominó en la trayectoria evolutiva de ese ecosistema. Además, también podría entrar en juego el concepto de bucles temporales y paradojas, en los que los cambios realizados en el pasado podrían alterar el futuro de formas imprevistas. Estas consecuencias potenciales ponen de relieve la naturaleza compleja e interconectada del tiempo y la evolución, planteando cuestiones fascinantes sobre la interacción entre pasado, presente y futuro en el gran tapiz del universo.

El impacto en la selección natural

El concepto de los viajes en el tiempo presenta una perspectiva fascinante sobre el impacto potencial que podría tener en la selección natural. Si los individuos pudieran viajar atrás en el tiempo y alterar los acontecimientos que configuraron el curso de la evolución, ello podría perturbar el proceso de adaptación y supervivencia del más apto. Cambiar momentos clave del pasado podría tener consecuencias imprevistas, creando líneas temporales divergentes en las que especies diferentes prosperaran o perecieran. Esta manipulación del pasado podría introducir mutaciones genéticas antes inexistentes, alterando la trayectoria evolutiva de las especies. Además, la capacidad de alterar el pasado podría desafiar los principios fundamentales de la selección natural, planteando cuestiones sobre la estabilidad y previsibilidad de la vida en la Tierra. En esencia, los viajes en el tiempo tiene el poder de desestabilizar el delicado equilibrio de la evolución, remodelando el curso de la vida tal como la conocemos.

Modelos teóricos de líneas temporales evolutivas

Se han propuesto numerosos modelos teóricos para explicar las líneas temporales evolutivas y el desarrollo de la vida en la Tierra. Estos modelos van desde enfoques gradualistas, como la teoría de la evolución por selección natural de Charles Darwin, hasta el equilibrio puntuado, propuesto por Stephen Jay Gould y Niles Eldredge, que sugiere que la evolución se produce en rápidas ráfagas de cambio separadas por largos periodos de estasis. Otros modelos, como la deriva genética y el flujo genético, permiten comprender cómo surge y se propaga la variación genética en las poblaciones a lo largo del tiempo. Al comprender estos modelos teóricos, los científicos pueden explicar mejor los procesos a largo plazo que han dado forma a la biodiversidad de nuestro planeta. A pesar de su complejidad, estos modelos proporcionan un marco para comprender los entresijos de las líneas temporales evolutivas y cómo ha evolucionado la vida a lo largo de millones de años. En el contexto de los viajes en el tiempo, la exploración de estos modelos teóricos puede ofrecer valiosos conocimientos sobre cómo puede haberse desarrollado la vida en líneas temporales alternativas o en contextos temporales diferentes.

XXVIII. GEOPOLÍTICA

Al explorar la intrincada intersección entre los viajes en el tiempo y la geopolítica, hay que considerar las profundas implicaciones que la alteración del pasado podría tener en el paisaje geopolítico del presente y del futuro. La capacidad de viajar en el tiempo plantea complejos dilemas éticos y morales, como el potencial de manipulación de la historia al servicio de agendas políticas o la alteración de las progresiones naturales en las relaciones internacionales. El concepto de los viajes en el tiempo introduce una nueva dimensión en las teorías tradicionales de la dinámica del poder, en las que el conocimiento de los acontecimientos futuros podría utilizarse para obtener ventajas estratégicas en la política mundial. Además, las consecuencias impredecibles de inmiscuirse en el pasado podrían provocar un caos y una inestabilidad imprevistos a escala mundial. Es esencial que los responsables políticos, los académicos y los científicos deliberen detenidamente sobre las consideraciones éticas y prácticas de incorporar los viajes en el tiempo a las estrategias geopolíticas para mitigar los riesgos de las paradojas temporales y salvaguardar la estabilidad del orden mundial.

El uso estratégico de los viajes en el tiempo en política

El uso estratégico de los viajes en el tiempo en política tiene el potencial de revolucionar la forma en que los líderes abordan la toma de decisiones y la gobernanza. Al tener la capacidad de viajar hacia atrás o hacia delante en el tiempo, las figuras políticas podrían obtener valiosos conocimientos sobre las consecuencias de sus acciones, lo que permitiría una formulación de políticas más informada y eficaz. En el ámbito de las relaciones internacionales, los viajes en el tiempo podría permitir a los dirigentes anticiparse a los conflictos y prevenirlos antes de que se agraven, lo que conduciría a un mundo más pacífico. Sin embargo, el uso de los viajes en el tiempo en política también plantea problemas éticos, como la manipulación de acontecimientos históricos en beneficio personal o político. Por ello, sería necesaria una normativa y una supervisión estrictas para garantizar el uso responsable y ético de esta poderosa tecnología en la esfera política, con el fin de evitar consecuencias potencialmente desastrosas.

Los viajes en el tiempo en la teoría de las relaciones internacionales

Los viajes en el tiempo en la teoría de las relaciones internacionales presenta un concepto complejo e intrigante que desafía la comprensión tradicional de la diplomacia y la dinámica del poder. La hipotética capacidad de retroceder o avanzar en el tiempo plantea cuestiones sobre las implicaciones para la soberanía estatal, la resolución de conflictos y la evolución de las normas internacionales. En un marco teórico, los viajes en el tiempo podría perturbar los acontecimientos históricos, alterar los procesos de toma de decisiones y crear paradojas que desafíen la estabilidad del sistema internacional. Los primeros debates sobre el tema giran a menudo en torno a la ética de la manipulación del pasado, el potencial de consecuencias no deseadas y el papel de la agencia en la configuración de los resultados futuros. Profundizando en este ámbito teórico, los estudiosos pueden obtener nuevas perspectivas sobre la naturaleza del poder, la construcción de narrativas históricas y las posibilidades de remodelar las relaciones mundiales de formas imprevistas.

El potencial de los conflictos temporales

El potencial de los conflictos temporales en el contexto de los viajes en el tiempo es un tema maduro para su exploración en el ámbito de la física teórica. Al considerar las implicaciones de atravesar el tiempo, hay que enfrentarse a la posibilidad de escenarios que desafíen nuestra comprensión de la causalidad y la lógica. Los conflictos temporales surgen cuando las acciones del pasado producen paradojas que contradicen la línea temporal presente o futura. Por ejemplo, la clásica paradoja del abuelo plantea cuestiones sobre las repercusiones de alterar acontecimientos pasados, lo que conduce a una situación paradójica en la que la propia existencia se vuelve dudosa. Tales conflictos ponen de relieve el delicado equilibrio del continuo espacio-tiempo y la interconexión de los acontecimientos que conforman nuestra realidad. Profundizando en estos dilemas temporales, podemos comprender mejor los entresijos de los viajes en el tiempo y las posibles consecuencias de alterar el pasado.

XXIX. LA EVOLUCIÓN DEL LENGUAJE

El concepto de los viajes en el tiempo ha cautivado durante mucho tiempo la imaginación humana, y abundan numerosas teorías sobre sus posibles implicaciones. Un aspecto intrigante de los viajes en el tiempo es su impacto potencial en la evolución del lenguaje. La lengua, como sistema dinámico y siempre cambiante, se ve influida por multitud de factores, como los cambios sociales, los avances tecnológicos y los cambios culturales. Si fuera posible viajar en el tiempo, ¿alterarían los individuos que viajan al pasado el curso de la evolución del lenguaje? ¿Introducirían nuevas palabras, expresiones o estructuras gramaticales que podrían remodelar el desarrollo lingüístico? A la inversa, ¿podrían los viajeros del pasado traer innovaciones lingüísticas que aún no han surgido en la línea temporal actual? Estas preguntas plantean cuestiones complejas sobre la naturaleza del lenguaje, su interconexión con el pensamiento y la cultura humanos, y la posibilidad de que las alteraciones temporales afecten a su evolución. Explorar la intersección entre los viajes en el tiempo y la evolución del lenguaje ofrece una perspectiva única sobre la interconexión de las experiencias humanas en distintos planos temporales.

La influencia de los viajes en el tiempo en el desarrollo lingüístico

La influencia de los viajes en el tiempo en el desarrollo lingüístico presenta un reto complejo e intrigante para los investigadores del campo de la física teórica. A medida que los individuos viajan en el tiempo, se ven expuestos a diferentes culturas, sociedades y lenguas, lo que podría provocar cambios significativos en la evolución lingüística. En el ámbito de las paradojas temporales, el impacto de los viajes en el tiempo sobre el desarrollo del lenguaje se hace aún más pronunciable. Por ejemplo, si un viajero alterara un acontecimiento clave de la historia, la lengua hablada en esa línea temporal concreta podría sufrir transformaciones drásticas, creando un efecto dominó que trascendiera a través de las generaciones. Es crucial que los estudiosos profundicen en las implicaciones de los viajes en el tiempo en el desarrollo lingüístico para desentrañar las intrincadas relaciones entre la lengua, la cultura y el propio tejido del tiempo. Explorando este fenómeno, podremos comprender mejor la interconexión del lenguaje y la fluidez de la comunicación humana en distintos planos temporales.

Retos de la comunicación desplazada en el tiempo

La comunicación desplazada en el tiempo plantea un conjunto único de desafíos que deben tenerse muy en cuenta al explorar el concepto de los viajes en el tiempo. Una de las principales dificultades estriba en garantizar la precisión y claridad de los mensajes enviados entre distintos periodos de tiempo. La falta de respuesta inmediata y la posibilidad de malentendidos debidos a diferencias lingüísticas, culturales o de contexto pueden provocar fallos en la comunicación. Además, el mero hecho de comunicarse a través de distintos momentos plantea problemas éticos relacionados con la interferencia en acontecimientos históricos o la alteración del curso del tiempo. Es esencial desarrollar protocolos y directrices de comunicación sólidos para afrontar estos retos con eficacia. Si abordamos estas cuestiones de forma reflexiva y ética, podremos comprender mejor las complejidades de los viajes en el tiempo y mitigar los riesgos potenciales asociados a las paradojas temporales.

Preservar la integridad de la lengua a lo largo del tiempo

Preservar la integridad de la lengua a lo largo del tiempo es un reto complejo en el contexto de los viajes en el tiempo y las paradojas temporales. La lengua evoluciona a lo largo de las generaciones, influida por factores sociales, culturales y tecnológicos. Cuando los viajeros atraviesan el tiempo, corren el riesgo de interrumpir la progresión natural del desarrollo de la lengua, lo que puede provocar incoherencias o conflictos en la comunicación. Mantener la integridad de la lengua es crucial para preservar la exactitud histórica y garantizar una comunicación eficaz en distintos periodos de tiempo. Estrategias como la documentación lingüística, la educación y los esfuerzos de conservación cultural pueden ser necesarias para salvaguardar la continuidad de la lengua a lo largo del tiempo. Al dar prioridad a la integridad de la lengua frente a las perturbaciones temporales, los viajeros en el tiempo pueden navegar por las complejidades de la comunicación a través de las fronteras temporales, manteniendo al mismo tiempo la esencia del patrimonio y la identidad lingüísticos. A medida que nos adentramos en las complejidades de los viajes en el tiempo y las paradojas temporales, la conservación de la integridad de la lengua emerge como un componente vital para mantener la coherencia y la continuidad en todo el paisaje temporal.

XXX. EL CAMBIO CLIMÁTICO

Al adentrarnos en los entresijos de los viajes en el tiempo y sus implicaciones en el cambio climático, surge una pregunta que invita a la reflexión: ¿podría la alteración del pasado impedir el inicio de la degradación medioambiental en el presente? Al considerar este escenario, hay que navegar a través de las complejidades de las paradojas temporales y las consecuencias potenciales de entrometerse en el tejido del tiempo. La noción misma de manipular acontecimientos históricos para mitigar los efectos del cambio climático abre una caja de Pandora de dilemas éticos y repercusiones imprevistas. Aunque la idea de borrar los errores del pasado para asegurar un futuro mejor es tentadora, también plantea cuestiones fundamentales sobre la naturaleza de la causalidad y la interconexión de los acontecimientos a través del tiempo. En última instancia, la intersección de los viajes en el tiempo y el cambio climático nos desafía a lidiar con el delicado equilibrio entre intervención y preservación, poniendo de relieve la intrincada red de consecuencias que puede desplegarse al manipular el continuo temporal.

El papel potencial de los viajes en el tiempo para abordar los problemas climáticos

El papel potencial de los viajes en el tiempo para abordar los problemas climáticos es un concepto complejo e intrigante que desafía nuestra comprensión de la causalidad y el impacto de la alteración de los acontecimientos pasados. Al permitir teóricamente a los individuos viajar al pasado para prevenir o mitigar los desastres medioambientales, los viajes en el tiempo podría ofrecer una solución única a los acuciantes retos del cambio climático. Sin embargo, la aplicación de una estrategia de este tipo plantea importantes problemas éticos y posibles paradojas. El acto mismo de alterar el pasado para cambiar el futuro podría tener consecuencias imprevisibles que agravaran los problemas medioambientales existentes o crearan otros totalmente nuevos. Además, la idea de manipular el tiempo para abordar los problemas climáticos plantea cuestiones sobre la naturaleza del libre albedrío y las implicaciones de jugar a ser "dioses del tiempo". Al explorar el papel potencial de los viajes en el tiempo para abordar los problemas climáticos, es esencial considerar no sólo la viabilidad técnica, sino también las implicaciones éticas y filosóficas que conllevaría ese cambio de paradigma.

Intervenciones temporales en sistemas ecológicos

Las intervenciones temporales en los sistemas ecológicos son un área de estudio compleja y cada vez más relevante dentro del campo de la ecología. La manipulación de la dinámica temporal en los ecosistemas mediante intervenciones como las quemas controladas, los programas de reintroducción de especies y los proyectos de restauración de hábitats puede tener efectos profundos y duraderos sobre la biodiversidad y la función de los ecosistemas. Al alterar estratégicamente el calendario de los procesos ecológicos clave, los investigadores y conservacionistas pueden mitigar potencialmente los efectos del cambio climático, las especies invasoras y otras amenazas para la salud de los ecosistemas. Sin embargo, la aplicación de intervenciones temporales debe planificarse y supervisarse cuidadosamente para evitar consecuencias imprevistas y trastornos ecológicos. Una comprensión exhaustiva de la dinámica ecológica temporal, junto con una investigación científica rigurosa y estrategias de gestión adaptativas, es esencial para aplicar con éxito las intervenciones temporales en los sistemas ecológicos. Además, la colaboración interdisciplinar entre ecologistas, biólogos de la conservación y teóricos temporales puede ofrecer soluciones innovadoras a los complejos retos ecológicos de un mundo en constante cambio.

Consideraciones éticas sobre la alteración de la historia medioambiental

Las consideraciones éticas sobre la alteración de la historia medioambiental deben examinarse detenidamente en el contexto de los viajes en el tiempo y las paradojas temporales. Al explorar la posibilidad de cambiar los acontecimientos pasados para abordar los problemas medioambientales actuales, es esencial considerar las posibles consecuencias de tales acciones. Alterar la historia medioambiental podría tener efectos de gran alcance sobre los ecosistemas, la biodiversidad y las generaciones futuras. Además, las implicaciones éticas de manipular el pasado plantean cuestiones sobre la responsabilidad moral de los individuos de preservar la integridad de los acontecimientos históricos. Como administradores del medio ambiente, es crucial abordar la idea de alterar la historia medioambiental con precaución y previsión, teniendo en cuenta las repercusiones a largo plazo sobre el mundo natural. En última instancia, las consideraciones éticas deben guiar las decisiones relacionadas con los viajes en el tiempo y la conservación del medio ambiente para garantizar el bienestar de los ecosistemas presentes y futuros.

XXXI. LA EXPLORACIÓN ESPACIAL

En el ámbito de la física teórica, los conceptos entrelazados de los viajes en el tiempo y la exploración espacial cautivan la imaginación humana. A medida que nos adentramos en las posibilidades de viajar en el tiempo y aventurarnos por el vasto cosmos, nos enfrentamos a paradojas alucinantes que desafían nuestra comprensión del universo. Las implicaciones potenciales de los viajes en el tiempo en el tejido de la realidad, los bucles de causalidad que podrían producirse y las ramificaciones de alterar acontecimientos pasados crean una red de complejidad que sobrepasa los límites de nuestra comprensión. Del mismo modo, la exploración del espacio abre un reino de infinitas posibilidades, desde el encuentro con formas de vida extraterrestre hasta el desentrañamiento de los misterios de la materia y la energía oscuras. La sinergia entre los viajes en el tiempo y la exploración espacial ofrece una tentadora visión de lo desconocido, invitándonos a desentrañar los enigmáticos secretos del universo.

Efectos de la dilatación del tiempo en los vuelos espaciales de larga duración

Los efectos de dilatación del tiempo desempeñan un papel crucial en el contexto de los vuelos espaciales de larga duración, en los que los astronautas experimentan el paso del tiempo a un ritmo diferente al de la Tierra. Este fenómeno, predicho por la teoría de la relatividad de Einstein, se produce debido a las altas velocidades y a los campos gravitatorios que se experimentan en el espacio. Como consecuencia, los viajeros espaciales envejecen a un ritmo más lento que los habitantes de la Tierra, lo que crea disparidades en la percepción del tiempo. Estos efectos deben tenerse muy en cuenta en la planificación y ejecución de las misiones para garantizar una sincronización precisa al volver a la Tierra. Si no se tiene en cuenta la dilatación del tiempo, podrían producirse discrepancias significativas en la edad y, posiblemente, afectar a la integración de los viajeros espaciales en la sociedad. Por tanto, comprender y gestionar los efectos de la dilatación temporal es esencial para el éxito y la seguridad de las misiones espaciales de larga duración.

El uso de los viajes en el tiempo en la exploración interestelar

El uso de los viajes en el tiempo en la exploración interestelar presenta un sinfín de retos y posibilidades. Empezando por el concepto de dilatación del tiempo, tal y como predice la teoría de la relatividad de Einstein, los astronautas que viajen cerca de la velocidad de la luz experimentarán el tiempo de forma distinta a los de la Tierra. Esta diferencia fundamental en el paso del tiempo podría revolucionar los viajes interestelares al permitir viajes más rápidos a través del universo. Sin embargo, el potencial de las paradojas temporales se cierne sobre el ámbito de los viajes en el tiempo. La llamada "paradoja del abuelo", en la que un viajero en el tiempo podría hipotéticamente impedir su propia existencia alterando el pasado, plantea serias cuestiones éticas y filosóficas. A medida que profundizamos en la física teórica de los viajes en el tiempo, las implicaciones para la exploración interestelar se vuelven cada vez más complejas y matizadas, lo que pone de relieve la necesidad de una cuidadosa consideración y de directrices éticas en el empeño de atravesar el cosmos.

Modelos teóricos de los viajes en el tiempo por el espacio

Los modelos teóricos de los viajes en el tiempo por el espacio plantean un reto complejo e intrigante en el ámbito de la física. Un modelo destacado propuesto por el célebre físico Albert Einstein implica el concepto de agujeros de gusano, pasadizos hipotéticos que podrían conectar dos puntos distantes en el espacio-tiempo. Manipulando la curvatura del espacio-tiempo alrededor de un agujero de gusano, podría ser posible crear un atajo a través del propio tiempo. Sin embargo, la feasibilidad de atravesar estas construcciones teóricas sigue siendo un subtema de intenso debate dentro de la comunidad científica. Otros modelos teóricos, como el motor de Alcubierre, sugieren que podría ser posible deformar el espacio-tiempo para viajar más rápido que la luz, permitiendo de hecho efectos de dilatación temporal similares a los predichos por la teoría de la relatividad de Einstein. Estos modelos, aunque cautivadores, plantean profundos interrogantes sobre la naturaleza del tiempo y las posibles paradojas que podrían surgir al alterar su flujo. La búsqueda de un marco teórico completo para los viajes en el tiempo en el espacio sigue impulsando la investigación de vanguardia en el campo de la física teórica.

XXXII. LA CONCIENCIA

Los viajes en el tiempo, un concepto fascinante que ha cautivado la imaginación de muchos, suele estar relacionado con los debates sobre la consciencia. La idea de viajar en el tiempo plantea preguntas intrigantes sobre la naturaleza de nuestra realidad y el papel de la consciencia en la configuración de nuestras experiencias. Al explorar la relación entre los viajes en el tiempo y la consciencia, hay que considerar cómo influye nuestra percepción del tiempo en nuestra comprensión del pasado, el presente y el futuro. La capacidad de viajar en el tiempo podría alterar potencialmente el flujo lineal de los acontecimientos, dando lugar a paradojas y contradicciones que desafían nuestra comprensión tradicional de la causalidad. Además, el impacto de los viajes en el tiempo sobre la conciencia plantea dilemas filosóficos y éticos sobre el libre albedrío, la identidad y las consecuencias de alterar acontecimientos pasados. En última instancia, la intersección de los viajes en el tiempo y la conciencia ofrece un rico campo para la exploración y la especulación, arrojando luz sobre la compleja interacción entre nuestras experiencias subjetivas y la realidad objetiva.

La relación entre la consciencia y la percepción temporal

La relación entre la conciencia y la percepción temporal es un tema complejo y fascinante que profundiza en la esencia misma de nuestra experiencia subjetiva del tiempo. La conciencia desempeña un papel fundamental en la forma en que percibimos e interpretamos el paso del tiempo, influyendo en nuestros recuerdos, expectativas y sentido de la continuidad. A medida que nuestra conciencia interactúa con el mundo exterior, construye un marco temporal a través del cual navegamos por nuestra realidad. Este marco da forma a nuestra comprensión del pasado, el presente y el futuro, moldeando nuestras percepciones de la causalidad y el cambio. Sin embargo, la naturaleza de esta relación aún no se comprende del todo, lo que deja espacio para la especulación y la exploración. Al ahondar en la intrincada interacción entre la conciencia y la percepción temporal, podemos descubrir nuevos conocimientos sobre la naturaleza del propio tiempo, arrojando luz sobre los misterios que yacen en el corazón de nuestra existencia.

Los estados alterados de conciencia en los viajes en el tiempo

Los estados alterados de conciencia desempeñan un papel crucial en el contexto de los viajes en el tiempo, ya que a menudo sirven de puerta de entrada para viajar por distintas capas del tiempo. A través de estados alterados inducidos por diversos medios, como la meditación, la hipnosis o incluso la tecnología, los individuos pueden acceder a diferentes puntos en el tiempo, interactuar con seres del pasado o del futuro y alterar potencialmente el curso de la historia. Estos estados alterados de conciencia permiten una experiencia más fluida del tiempo, alterando la progresión lineal que solemos percibir. Sin embargo, las implicaciones de tal manipulación temporal son profundas y plantean dilemas éticos en relación con el cambio del pasado y la creación de paradojas. A medida que profundizamos en las complejidades de los estados alterados en los viajes en el tiempo, queda claro que la naturaleza de la propia consciencia está intrincadamente ligada a nuestra comprensión de la dinámica temporal y las posibilidades que presenta.

La continuidad del yo a través del desplazamiento temporal

En el centro del discurso sobre los viajes en el tiempo se encuentra el intrigante concepto de la continuidad del yo a través del desplazamiento temporal. A medida que los individuos navegan por distintos planos temporales, la cuestión de la identidad y la persistencia de la mismidad adquiere una importancia capital. ¿Somos realmente la misma persona a medida que nos desplazamos en el tiempo, encontrando diferentes versiones de nosotros mismos en realidades alternativas? La continuidad del yo desafía nuestra comprensión convencional de la identidad, sugiriendo que nuestra esencia transciende las limitaciones del tiempo y el espacio. Al ahondar en las complejidades de la mismidad y el desplazamiento temporal, descubrimos profundas ideas sobre la naturaleza de la existencia y la interconexión del pasado, el presente y el futuro. La exploración de este enigmático concepto no sólo amplía nuestra comprensión teórica de los viajes en el tiempo, sino que también nos incita a reconsiderar la esencia misma de lo que significa ser humano.

XXXIII. EL PRINCIPIO DE INCERTIDUMBRE

Al considerar el intrincado vínculo entre los viajes en el tiempo y el principio de incertidumbre, hay que adentrarse en las complejidades de la mecánica cuántica y la física teórica. El principio de incertidumbre, célebremente formulado por Werner Heisenberg, establece que es imposible medir simultáneamente la posición y el momento de una partícula con absoluta precisión. Este principio plantea un reto importante para los viajes en el tiempo, ya que el propio acto de viajar en el tiempo requeriría un conocimiento preciso tanto de la posición como del momento. La incertidumbre inherente a estas mediciones podría provocar consecuencias imprevistas y paradojas en un viaje temporal. El entrelazamiento de estos conceptos abre un reino de tentadoras posibilidades y enigmas alucinantes, que ponen de relieve las profundas complejidades del universo y las limitaciones del entendimiento humano a la hora de enfrentarse a la enigmática naturaleza de los viajes en el tiempo. Explorar la interacción entre los viajes en el tiempo y el principio de incertidumbre desvela un rico tapiz de implicaciones teóricas que amplían los límites de nuestra comprensión de las leyes fundamentales que rigen el cosmos.

El principio de incertidumbre de Heisenberg en contextos temporales

En contextos temporales, el principio de incertidumbre de Heisenberg introduce una limitación fundamental a nuestra capacidad de medir con precisión determinados pares de variables complementarias, como la posición y el momento, dentro de la mecánica cuántica. Aplicado al concepto de los viajes en el tiempo, este principio sugiere que cualquier intento de determinar con precisión tanto la posición como el momento de una partícula (o de cualquier objeto) que haya atravesado el tiempo podría dar lugar a incertidumbres e incoherencias inherentes. Estas incertidumbres podrían manifestarse como paradojas temporales, en las que el pasado, el presente y el futuro se enredan de formas complejas y contradictorias. Al adoptar el principio de incertidumbre de Heisenberg en contextos temporales, empezamos a reconocer las incertidumbres y limitaciones inherentes que pueden surgir al contemplar las posibilidades e implicaciones de los viajes en el tiempo, invitándonos a profundizar en la naturaleza enigmática del propio tiempo.

El papel de la incertidumbre en la mecánica de los viajes en el tiempo

Al explorar el papel de la incertidumbre en la mecánica de los viajes en el tiempo, resulta evidente que este elemento es fundamental para la posibilidad misma de atravesar el tejido del tiempo. La incertidumbre, como principio clave de la mecánica cuántica, subraya la imprevisibilidad inherente de los acontecimientos a nivel subatómico. Cuando se aplica a los viajes en el tiempo, este concepto introduce una serie de posibles resultados y realidades divergentes, todos ellos supeditados a las acciones del viajero en el tiempo y al impacto que tengan en el pasado y el futuro. El principio de incertidumbre desafía las nociones tradicionales de causalidad y determinismo, planteando profundas cuestiones sobre la naturaleza del libre albedrío y los límites de la manipulación temporal. A medida que profundizamos en las complejidades de los viajes en el tiempo, la interacción entre incertidumbre y elección emerge como piedra angular de las paradojas temporales que se filtran a través de los fundamentos teóricos de este enigmático fenómeno.

Los límites de la previsibilidad en los viajes en el tiempo

Los límites de la previsibilidad en los viajes en el tiempo plantean un reto importante a la viabilidad de atravesar distintos momentos de la historia. Aunque la física teórica ofrece posibilidades intrigantes para manipular el tiempo, las complejidades inherentes a la causalidad y el potencial de paradojas introducen incertidumbres que socavan la previsibilidad completa. La naturaleza interconectada de los acontecimientos pasados, presentes y futuros crea una red de influencias que pueden alterar los resultados previstos al alterar el curso del tiempo. Las incertidumbres de la mecánica cuántica complican aún más los intentos de predecir con exactitud las consecuencias de los viajes en el tiempo, ya que las perturbaciones más pequeñas pueden conducir a resultados muy diferentes. Por lo tanto, los límites de la predictibilidad en los viajes en el tiempo ponen de relieve la necesidad de cautela y de una cuidadosa consideración al contemplar las implicaciones de la alteración de la línea temporal, haciendo hincapié en el delicado equilibrio entre la curiosidad y la preservación de la integridad temporal.

XXXIV. LA TEORÍA DEL UNIVERSO DE BLOQUES

El concepto de los viajes en el tiempo ha cautivado durante mucho tiempo la imaginación tanto de los científicos como de los entusiastas de la ciencia ficción. Al considerar las implicaciones de los viajes en el tiempo, una teoría que surge a menudo es la Teoría del Universo de Bloques. Según esta teoría, el tiempo no es una progresión lineal, sino un bloque estático en el que el pasado, el presente y el futuro existen simultáneamente. Esta perspectiva desafía nuestra comprensión tradicional del tiempo como una serie de momentos distintos, presentando una visión paradójica de la realidad. Si fuera posible viajar en el tiempo dentro de este marco, ¿alterar el pasado sería en realidad cambiar algo que ya ha sucedido, o simplemente cumplir una secuencia predeterminada de acontecimientos? La Teoría del Universo de Bloques plantea cuestiones profundas sobre la naturaleza del tiempo, el libre albedrío y el propio tejido de la existencia, invitándonos a reconsiderar nuestra comprensión del universo y nuestro lugar en él.

El universo de bloques y el eternalismo

Al explorar el universo de bloques y la teoría filosófica del eternalismo, nos adentramos en el concepto del tiempo como una dimensión similar al espacio, en la que el pasado, el presente y el futuro coexisten simultáneamente. Dentro de este marco, cada momento en el tiempo ya ha ocurrido, y el futuro está tan fijado como el pasado. Esta visión determinista del tiempo desafía nuestra concepción convencional de la temporalidad y plantea profundas cuestiones sobre el libre albedrío y la naturaleza de la realidad. Al adoptar el eternalismo, hay que enfrentarse a las implicaciones de un universo en el que todos los acontecimientos están predeterminados, y la ilusión del tiempo lineal se desvanece. Esta perspectiva provoca una reevaluación de nuestra comprensión de la causalidad y suscita una reflexión más profunda sobre el propio tejido de la existencia. En el contexto de los viajes en el tiempo y las paradojas temporales, el modelo del universo de bloques ofrece una lente única a través de la cual examinar las complejidades de nuestra realidad temporal.

Los viajes en el tiempo dentro de un espacio-tiempo cuatridimensional

Al explorar el concepto de los viajes en el tiempo dentro de un marco de espacio-tiempo cuatridimensional, hay que lidiar con la intrincada interacción entre espacio y tiempo. En este modelo, el tiempo se trata como una dimensión más, similar a las tres dimensiones espaciales con las que estamos familiarizados. La idea de viajar en el tiempo se convierte en un viaje a través de este continuo cuatridimensional, en el que teóricamente se puede avanzar y retroceder. Sin embargo, esto plantea una serie de enigmas filosóficos y científicos sobre la causalidad y la naturaleza de la realidad. La posibilidad de encontrarse con paradojas, como la famosa paradoja del abuelo, en la que uno podría alterar el pasado de forma que impidiera su propia existencia, añade complejidad al ya de por sí alucinante concepto de los viajes en el tiempo. A medida que profundizamos en las implicaciones teóricas del espacio-tiempo viajero, nos vemos obligados a enfrentarnos a la naturaleza fundamental del universo y a nuestro lugar en él.

Desafíos al modelo del universo de bloques

Un desafío importante al modelo del universo de bloques, tal como se plantea en el ámbito de la física teórica, es la implicación del libre albedrío y el determinismo. Dentro de este marco, el concepto de un espacio-tiempo fijo de cuatro dimensiones en el que el pasado, el presente y el futuro existen simultáneamente plantea cuestiones sobre la naturaleza de la agencia y la elección. Si la teoría del universo de bloques es cierta, todas las acciones y decisiones que tomamos pueden estar ya predeterminadas, lo que socava la noción de libre albedrío. Esta tensión entre el modelo del universo de bloques y el concepto de libre albedrío tiene implicaciones profundas para nuestra comprensión de la consciencia y la autonomía humanas. Además, el modelo del universo de bloques también se enfrenta a críticas relacionadas con su compatibilidad con la mecánica cuántica, ya que algunos sostienen que la naturaleza probabilística de los fenómenos cuánticos plantea un desafío a la naturaleza determinista del universo de bloques. Estos desafíos ponen de manifiesto las complejidades y sutilezas inherentes al intento de conciliar distintas teorías en el marco de los viajes en el tiempo y las paradojas temporales.

XXXV. LA EXPANSIÓN DEL UNIVERSO

Al explorar la intersección entre los viajes en el tiempo y la expansión del universo, nos encontramos con una compleja interacción de conceptos de física teórica que amplían los límites de nuestra comprensión. La expansión del universo, tal como la describe la teoría del Big Bang, sugiere un estiramiento continuo del espacio-tiempo, lo que conduce a la posibilidad de dilatación del tiempo y a paisajes temporales deformados. Los viajes en el tiempo, un elemento básico de la ciencia ficción, se convierte en una perspectiva tentadora dentro de este marco, ofreciendo una visión de la dinámica de la causalidad y las paradojas que podrían surgir. Al profundizar en las implicaciones de los viajes en el tiempo dentro de un universo en expansión, nos vemos obligados a enfrentarnos a las implicaciones filosóficas y científicas de manipular el propio tejido del tiempo. Mientras navegamos por la intrincada red de posibilidades teóricas, no nos queda más remedio que reflexionar sobre los misterios y complejidades que subyacen en el corazón de estos fascinantes fenómenos.

El universo en expansión y sus implicaciones para los viajes en el tiempo

El universo en expansión plantea implicaciones intrigantes para el concepto de los viajes en el tiempo. Según la teoría de la relatividad general de Einstein, la expansión del universo significa que las galaxias lejanas se alejan de nosotros a velocidades cada vez mayores. Esto plantea la cuestión de si sería posible viajar atrás en el tiempo aprovechando la expansión del universo. Una teoría sugiere que si de algún modo se pudiera navegar por las vastas distancias del espacio a velocidades superiores a la de la luz, podría ser teóricamente posible alcanzar un punto en el tiempo anterior al inicio del viaje. Sin embargo, estas nociones son puramente especulativas y permanecen firmemente en el ámbito de la ciencia ficción. Mientras seguimos desentrañando los misterios del cosmos, la posibilidad de viajar en el tiempo sigue siendo una perspectiva tentadora que desafía nuestra comprensión del universo y de la naturaleza del propio tiempo.

La influencia de la expansión cósmica en la mecánica temporal

La influencia de la expansión cósmica en la mecánica temporal es un tema complejo e intrigante que requiere un profundo conocimiento de la física teórica. Con la expansión del universo, el propio tejido del espacio-tiempo se estira, provocando distorsiones en la forma en que percibimos el tiempo. Según la teoría de la relatividad de Einstein, la gravedad puede curvar el espacio-tiempo, afectando al modo en que fluye el tiempo en distintas regiones del universo. A medida que la expansión cósmica siga acelerándose, la velocidad a la que transcurre el tiempo podría variar significativamente entre distintos puntos del espacio. Esta variación de la mecánica temporal podría tener profundas implicaciones para la posibilidad de viajar en el tiempo y las posibles paradojas que puedan surgir. La comprensión de estos efectos requiere una comprensión sofisticada de la interacción entre la naturaleza expansiva del cosmos y los principios fundamentales del tiempo. La intrincada relación entre la expansión cósmica y la mecánica temporal presenta una tentadora vía para una mayor exploración en el ámbito de la física teórica.

Consideraciones teóricas sobre los viajes en el tiempo en un cosmos en expansión

Las consideraciones teóricas sobre los viajes en el tiempo en un cosmos en expansión plantean retos complejos que se adentran en el ámbito del espacio-tiempo multidimensional. En este contexto, el concepto de tiempo está íntimamente ligado a la naturaleza expansiva del universo, lo que plantea cuestiones sobre la viabilidad y las implicaciones de los viajes en el tiempo. Teorías como la relatividad general y la mecánica cuántica proporcionan un marco para comprender la dinámica del espacio-tiempo, arrojando luz sobre los mecanismos potenciales para atravesar el tiempo. Sin embargo, la existencia de paradojas, como la famosa paradoja del abuelo, complica la noción de los viajes en el tiempo dentro de un cosmos en expansión. Estas paradojas ponen de manifiesto el delicado equilibrio entre la cautela y el libre albedrío, lo que impulsa a seguir explorando los principios fundamentales de la física y la naturaleza de la realidad en un universo en continua expansión. La interacción entre los marcos teóricos y las limitaciones prácticas de los viajes en el tiempo presenta un rico tapiz de investigación filosófica y científica en el contexto de un cosmos en expansión.

XXXVI. LA CONSERVACIÓN DE LA ENERGÍA

Al explorar el intrigante reino de los viajes en el tiempo y sus implicaciones para la conservación de la energía, nos enfrentamos a una compleja interacción de principios físicos fundamentales. El concepto de los viajes en el tiempo desafía intrínsecamente nuestra comprensión de la causalidad y de las leyes que rigen la transferencia y conservación de la energía. Desde un punto de vista teórico, los viajes en el tiempo plantea interrogantes sobre el potencial de creación o destrucción de energía en el proceso de atravesar el tiempo. Sin embargo, si nos atenemos al principio de conservación de la energía, cualquier mecanismo hipotético de los viajes en el tiempo debe dar cuenta de la conservación de la energía a lo largo del viaje temporal. Esto plantea un importante desafío teórico, que requiere una exploración profunda de cómo podría transferirse o manipularse la energía para facilitar los viajes en el tiempo sin violar esta ley fundamental de la física. Así pues, la relación entre los viajes en el tiempo y la conservación de la energía se presenta como un rompecabezas fascinante e intrincado que sigue cautivando las mentes de físicos y teóricos por igual.

Leyes de conservación de la energía en escenarios de viajes en el tiempo

En el ámbito de los viajes en el tiempo, el concepto de leyes de conservación de la energía se convierte en un factor crucial para mantener la coherencia del universo en escenarios hipotéticos en los que intervienen bucles temporales, agujeros de gusano u otras anomalías temporales. La conservación de la energía es un principio fundamental de la física, y cualquier violación de esta ley podría tener consecuencias catastróficas para el tejido del tiempo y el espacio. Al considerar los viajes en el tiempo, es esencial tener en cuenta la energía necesaria para manipular las variables temporales y las posibles consecuencias de alterar acontecimientos en el pasado o en el futuro. Analizando las leyes de conservación de la energía en los escenarios de viajes en el tiempo, los investigadores pueden comprender mejor las limitaciones y posibilidades de atravesar la cuarta dimensión sin alterar el delicado equilibrio del cosmos. En última instancia, una comprensión profunda de estos principios es esencial para explorar las complejidades de los viajes en el tiempo y evitar paradojas que podrían amenazar la estabilidad del universo.

La paradoja de la duplicación o supresión de energía

La paradoja de la duplicación o supresión de energía presenta una cuestión espinosa en el contexto de los viajes en el tiempo, ya que plantea interrogantes sobre la conservación de la energía y las leyes fundamentales de la física. En el núcleo de esta paradoja se encuentra el dilema de qué ocurre cuando la energía se duplica o se borra durante un viaje en el tiempo. Si la energía se duplica, ¿viola esto el principio de conservación, dando lugar a un bucle infinito de creación de energía? Por el contrario, si se elimina energía, ¿cómo afecta esto al equilibrio de la energía en el universo? Estas preguntas desconcertantes desafían nuestra comprensión de la naturaleza de la energía y su papel en el tejido del espacio-tiempo. Resolver esta paradoja requiere una inmersión profunda en los entresijos de la física teórica y puede hacer necesario reevaluar nuestras teorías actuales para acomodar las complejidades de los viajes en el tiempo y sus implicaciones en la dinámica de la energía. En última instancia, enfrentarse a la paradoja de la duplicación o eliminación de la energía arroja luz sobre la intrincada interacción entre el tiempo, la energía y los propios cimientos del universo.

Soluciones teóricas a los problemas de conservación de la energía

Las soluciones teóricas a los problemas de conservación de la energía desempeñan un papel crucial en el ámbito de los viajes en el tiempo y las paradojas temporales. Un concepto teórico destacado es la idea de utilizar fuentes de energía renovables, como la energía solar o eólica, para generar las inmensas cantidades de energía necesarias para viajar en el tiempo. Aprovechando estas fuentes de energía sostenibles, es posible no sólo alimentar la máquina del tiempo, sino también garantizar que el proceso sea respetuoso con el medio ambiente. Además, los avances en las tecnologías de almacenamiento de energía cuántica ofrecen posibilidades intrigantes para almacenar y utilizar la energía de forma eficiente en el contexto de los viajes en el tiempo. Estas soluciones teóricas no sólo abordan los retos prácticos asociados a la conservación de la energía en los viajes en el tiempo, sino que también abren nuevas vías para explorar las complejidades de la dinámica temporal. A medida que los investigadores sigan profundizando en estos marcos teóricos, las perspectivas de superar los problemas de conservación de la energía en los viajes en el tiempo parecen cada vez más prometedoras.

XXXVII. LA HIPÓTESIS DE LA SIMULACIÓN

En el ámbito de la física teórica, el concepto de los viajes en el tiempo siempre ha sido objeto de fascinación y debate. Al adentrarnos en los entresijos de las paradojas temporales, no podemos ignorar las implicaciones potenciales de la Hipótesis de la Simulación. ¿Podría nuestra realidad no ser más que una simulación meticulosamente elaborada, diseñada por una inteligencia superior? Si es así, ¿cómo podría afectar esto a la viabilidad de los viajes en el tiempo? Al considerar la idea de que nuestro universo podría ser una construcción simulada, nos vemos obligados a reevaluar nuestra comprensión de la causalidad y la naturaleza del propio tiempo. Quizá los viajes en el tiempo no sólo sea posible, sino fundamental para el tejido mismo de nuestra realidad simulada. A medida que seguimos explorando la intersección entre los viajes en el tiempo y la Hipótesis de la Simulación, surgen nuevas ideas y posibilidades, que desafían nuestras percepciones y amplían los límites de lo que creíamos posible en el ámbito de la física y la filosofía.

La hipótesis de que la realidad es una simulación

La hipótesis de que la realidad es una simulación ha cautivado las mentes de las personas que exploran los límites de la física teórica. En el fondo, esta idea sugiere que el universo que percibimos es una sofisticada simulación creada por una ininteligencia superior o una civilización avanzada. Este concepto desafía nuestra comprensión tradicional de la existencia y plantea preguntas intrigantes sobre la naturaleza de la propia realidad. Si esta hipótesis fuera cierta, podría tener profundas implicaciones para nuestra comprensión de los viajes en el tiempo y las paradojas temporales. ¿Podría la manipulación o alteración de la simulación provocar interrupciones o paradojas temporales que desafíen nuestra comprensión actual de la causalidad y la continuidad? Explorar esta posibilidad abre un abanico de posibilidades para comprender la interconexión del tiempo, el espacio y la conciencia de formas que aún no hemos llegado a comprender plenamente. A medida que los investigadores profundizan en estos reinos especulativos, las fronteras entre la ciencia ficción y la investigación científica siguen difuminándose, ampliando los límites del conocimiento y la imaginación humanos.

Los viajes en el tiempo en entornos simulados

Los viajes en el tiempo dentro de entornos simulados es un concepto desconcertante pero intrigante en el ámbito de la física teórica. La idea de manipular el tiempo en un entorno virtual controlado plantea cuestiones sobre la naturaleza del propio tiempo y las posibles consecuencias de alterar los acontecimientos históricos. Simulando distintos periodos temporales, los investigadores podrían explorar diversos escenarios y poner a prueba los límites de la causalidad y las paradojas. Sin embargo, no pueden pasarse por alto las implicaciones éticas de alterar la historia mediante viajes simulados en el tiempo. A medida que los avances tecnológicos siguen ampliando los límites de lo posible, la necesidad de una consideración cuidadosa y de directrices éticas es cada vez más importante. La intersección de los mundos virtuales y la manipulación del tiempo abre una nueva frontera que requiere una exploración reflexiva y un análisis crítico para navegar por las complejidades que surgen.

Implicaciones filosóficas de los viajes en el tiempo simulado

Las implicaciones filosóficas de los viajes en el tiempo simulado plantean cuestiones intrigantes sobre la naturaleza de la realidad y los límites de la comprensión humana. Si el tiempo puede manipularse artificialmente, ¿qué implica esto sobre nuestra percepción del pasado, el presente y el futuro? El concepto de los viajes en el tiempo simulado desafía las nociones tradicionales de causalidad y libre albedrío, obligándonos a reconsiderar nuestro lugar en el universo. Al explorar la posibilidad de viajar en el tiempo en un entorno virtual, nos enfrentamos a dilemas éticos e indagaciones existenciales que ponen a prueba los límites del conocimiento y la moralidad humanos. En este nuevo paradigma, la línea entre realidad y ficción se difumina, invitándonos a cuestionar el propio tejido de la existencia. Las implicaciones filosóficas de los viajes en el tiempo simulado abren un reino de exploración intelectual que amplía los límites de nuestro entendimiento y nos reta a enfrentarnos a lo desconocido con valentía y curiosidad.

XXXVIII. LA DINÁMICA NO LINEAL

La intrincada relación entre los viajes en el tiempo y la dinámica no lineal abre un vasto abanico de posibilidades alucinantes en el ámbito de la física teórica. A medida que profundizamos en las complejidades de los sistemas no lineales y su comportamiento en el tiempo, empezamos a descubrir el potencial de las paradojas temporales y las implicaciones que tienen en nuestra comprensión de la causalidad. La propia noción de viajar en el tiempo altera el flujo lineal de causa y efecto, dando lugar a una enmarañada red de acontecimientos interconectados que desafían la lógica tradicional. Al examinar la dinámica de los sistemas no lineales en el marco de los viajes en el tiempo, nos vemos obligados a enfrentarnos a las contradicciones e incertidumbres inherentes que surgen al atravesar el paisaje temporal. Al navegar por el laberinto de paradojas temporales, se nos desafía a replantearnos nuestras nociones convencionales de pasado, presente y futuro, ampliando en última instancia los límites de nuestra incomprensión del propio tejido del espacio-tiempo.

La teoría del caos y los viajes en el tiempo

La teoría del caos, con su énfasis en la dependencia sensible de las condiciones iniciales, presenta un marco intrigante para examinar las implicaciones de los viajes en el tiempo. En el contexto de las paradojas temporales, la teoría del caos sugiere que incluso la más mínima alteración en el pasado podría tener consecuencias monumentales e impredecibles en el futuro. Esta noción desafía la comprensión lineal tradicional de causa y efecto, introduciendo un elemento dinámico que complica el concepto de cambiar el curso de la historia mediante los viajes en el tiempo. Teniendo en cuenta la naturaleza caótica de los sistemas complejos, como el universo y la sociedad humana, la idea de que los viajes en el tiempo se convierta en una herramienta para alterar los acontecimientos resulta cada vez más compleja e incierta. De este modo, la teoría del caos añade otra capa de complejidad al ya intrincado discurso en torno a los viajes en el tiempo y sus potenciales paradojas, invitando a seguir investigando y reflexionando sobre la naturaleza de la causalidad y la dinámica temporal.

El tiempo no lineal y sus efectos sobre la causalidad

El tiempo no lineal introduce una dinámica compleja en la comprensión tradicional de la causalidad, desafiando la progresión lineal de causa y efecto. En este marco no lineal, los acontecimientos no siguen necesariamente un orden secuencial, lo que provoca la interrupción de la cadena causal. Esta interrupción puede tener profundos efectos en la previsibilidad y coherencia de los resultados, creando un efecto dominó que reverbera en el tejido de la realidad. La interacción entre el tiempo no lineal y la causalidad abre la posibilidad de múltiples líneas temporales y caminos divergentes, en los que el pasado, el presente y el futuro coexisten de forma fluida y entretejida. Al profundizar en las implicaciones del tiempo no lineal en la causalidad, nos enfrentamos a las cuestiones profundas del libre albedrío, el determinismo y la naturaleza de la propia realidad. La intrincada relación entre el tiempo y la causalidad se convierte en un rico tapiz de posibilidades, que desafía nuestras percepciones y nos invita a explorar las ilimitadas dimensiones de la existencia.

La previsibilidad de los viajes en el tiempo en los sistemas caóticos

La previsibilidad de los viajes en el tiempo en los sistemas caóticos plantea un reto importante para comprender las complejidades de la dinámica temporal. La teoría del caos sugiere que incluso pequeñas variaciones en las condiciones iniciales pueden dar lugar a resultados drásticamente diferentes, lo que dificulta la predicción exacta del comportamiento de un sistema que viaja en el tiempo. En los sistemas caóticos, pequeños cambios en los parámetros pueden dar lugar a trayectorias divergentes, lo que conduce a la imprevisibilidad y a paradojas potenciales. Esta sensibilidad inherente a las condiciones iniciales plantea dudas sobre la viabilidad y fiabilidad de los viajes en el tiempo dentro de entornos caóticos. Mientras que los principios de la física tradicional hacen hincapié en la previsibilidad y el determinismo, la naturaleza no lineal de los sistemas caóticos introduce un nivel de incertidumbre que complica la noción de viajar en el tiempo con precisión. Abordar estas incertidumbres y explorar los límites de la previsibilidad en los sistemas caóticos es esencial para desentrañar los misterios de los viajes en el tiempo y evitar posibles paradojas.

XXXIX. LOS LÍMITES DE LA COMPRENSIÓN HUMANA

Los viajes en el tiempo ha cautivado durante mucho tiempo la imaginación humana, desafiando nuestra comprensión de las leyes fundamentales de la física y las limitaciones de la causalidad. El concepto de viajar en el tiempo, hacia atrás o hacia delante, suscita una miríada de paradojas y dilemas filosóficos que llevan al límite las fronteras del entendimiento humano. Al adentrarnos en el reino de la física teórica, la perspectiva de los viajes en el tiempo nos obliga a lidiar con las implicaciones de alterar el pasado para cambiar el presente o el futuro, creando complejos bucles de causa y efecto que desafían las nociones tradicionales del tiempo lineal. Aunque la idea de viajar en el tiempo pueda parecer fantástica, sirve como experimento mental que nos empuja a enfrentarnos a las complejidades del universo y a las limitaciones de nuestras propias capacidades cognitivas cuando nos enfrentamos al enigma de las paradojas temporales.

Limitaciones cognitivas en la comprensión de los viajes en el tiempo

En el ámbito de los viajes en el tiempo, las limitaciones cognitivas desempeñan un papel fundamental en la comprensión y el entendimiento de este complejo concepto. Los cerebros humanos no están equipados de forma natural para lidiar con la idea de viajar en el tiempo, ya que nuestra percepción del tiempo es lineal y unidireccional. Intentar conciliar la noción de retroceder o avanzar en el tiempo desafía nuestra comprensión fundamental de la causalidad y la secuencia de los acontecimientos. Además, el concepto de paradoja, como la paradoja del abuelo o la paradoja de Bootstrap, introduce niveles de complejidad que pueden ser difíciles de comprender plenamente para las personas. Estas limitaciones cognitivas suponen barreras importantes para nuestra capacidad de comprender plenamente las implicaciones y complejidades de los viajes en el tiempo. A medida que profundizamos en la física teórica que subyace a este fenómeno, se hace evidente que superar estas barreras cognitivas es esencial para captar todas las implicaciones de los viajes en el tiempo y navegar por las posibles paradojas que puedan surgir.

El papel de la intuición en las teorías temporales

El papel de la intuición en las teorías temporales es un aspecto complejo e intrigante del estudio de los viajes en el tiempo. La intuición, a menudo descrita como una sensación visceral o una comprensión instintiva, desempeña un papel importante en el modo en que los individuos conceptualizan y navegan por la idea de viajar en el tiempo. En las teorías temporales, la intuición puede llevar a los investigadores y teóricos a proponer nuevas ideas o cuestionar los paradigmas existentes, ampliando los límites de nuestra comprensión del tiempo y el espacio. La intuición también puede servir de guía para navegar por las diversas paradojas y dilemas teóricos que surgen en la exploración de los viajes en el tiempo. Aprovechando este sentido intuitivo, los investigadores pueden desarrollar teorías y modelos innovadores que ofrezcan nuevas perspectivas sobre la naturaleza del tiempo y las posibilidades de viajar a través de él. Así pues, la intuición sirve como herramienta crucial para avanzar en nuestra comprensión de los fenómenos temporales y navegar por las complejidades de los viajes en el tiempo y sus paradojas potenciales.

Colmar la brecha entre la comprensión humana y la complejidad temporal

Colmar la brecha entre la comprensión humana y la complejidad temporal supone un reto formidable que requiere un enfoque multidisciplinar. Para comprender las complejidades de los viajes en el tiempo y superar las posibles paradojas, debemos fusionar las ideas de la física, la filosofía, la psicología y otras disciplinas. En el centro de este esfuerzo se encuentra la necesidad de conciliar nuestra percepción intuitiva y lineal del tiempo con la dinámica no lineal de la relatividad y la mecánica cuántica. Profundizando en los marcos teóricos que sustentan los viajes en el tiempo, como los agujeros de gusano, los agujeros negros y las curvas temporales cerradas, podemos empezar a comprender las profundas implicaciones de atravesar el continuo espacio-tiempo. Además, al considerar las ramificaciones psicológicas de alterar acontecimientos pasados o encontrar líneas temporales alternativas, podemos apreciar mejor los dilemas éticos y existenciales que plantean las paradojas temporales. En última instancia, salvar esta brecha exige un enfoque holístico y matizado que trascienda los límites tradicionales del conocimiento y fomente una comprensión más profunda de los misterios del tiempo.

XL. EL EFECTO OBSERVADOR

Los viajes en el tiempo, un concepto que ha cautivado la imaginación humana durante siglos, presenta una plétora de paradojas que desafían nuestra comprensión del universo. Una paradoja especialmente intrigante es el efecto observador en el contexto de los viajes en el tiempo. Cuando un observador viaja en el tiempo e interactúa con acontecimientos pasados, altera intrínsecamente el curso de la historia, dando lugar a una cascada de cambios que se propagan por el tiempo. Esto plantea cuestiones fundamentales sobre la naturaleza de la causalidad y la fiabilidad de nuestras observaciones. El principio de incertidumbre, que afirma que el propio acto de observación puede afectar al resultado de un experimento, complica aún más las cosas en el ámbito de los viajes en el tiempo. A medida que profundizamos en las complejidades de la física temporal, debemos lidiar con las implicaciones del efecto observador en el tejido de la realidad y en la naturaleza misma de nuestra existencia.

El efecto observador en la mecánica cuántica

El efecto observador en la mecánica cuántica plantea un desafío fundamental a nuestra comprensión de la realidad. En esencia, este fenómeno sugiere que el acto de observación puede influir en el comportamiento de las partículas a nivel cuántico, dando lugar a una línea difusa entre el observador y lo observado. En el contexto de los viajes en el tiempo y las paradojas temporales, el efecto observador plantea cuestiones intrigantes sobre el papel de la conciencia en la configuración de la realidad. Si la observación puede alterar el comportamiento de las partículas, ¿podría influir también en el resultado de los experimentos de viajes en el tiempo? Este concepto abre nuevas vías de exploración en la física teórica, ampliando los límites de nuestra comprensión de la naturaleza del tiempo y el espacio. A medida que profundizamos en las complejidades de la mecánica cuántica y sus implicaciones para los viajes en el tiempo, el efecto observador nos recuerda la intrincada interconexión del universo y la intrincada red de causalidad que lo sustenta.

La observación y su impacto en los viajes en el tiempo

La observación desempeña un papel crucial en el concepto hipotético de los viajes en el tiempo, ya que es mediante la observación como podemos manipular y comprender potencialmente las complejidades del propio tiempo. El impacto de la observación en los viajes en el tiempo es doble: por un lado, la observación nos permite recopilar datos e información que pueden conducir a avances en la física temporal, acercándonos potencialmente a desvelar los secretos de los viajes en el tiempo. Por otra parte, la observación de los fenómenos de los viajes en el tiempo también puede introducir paradojas e incertidumbres que pueden impedir nuestra comprensión del continuo espacio-tiempo. El acto de observar los viajes en el tiempo podría alterar el curso de los acontecimientos, creando un bucle de causalidad que desafía la explicación lógica. Por tanto, aunque la observación es esencial para estudiar y teorizar sobre los viajes en el tiempo, también presenta retos y paradojas que deben considerarse cuidadosamente en cualquier marco teórico.

El papel del observador en las paradojas temporales

El papel del observador en las paradojas temporales es un aspecto complejo y crucial que hay que considerar al explorar las implicaciones de los viajes en el tiempo. Los observadores desempeñan un papel fundamental en la determinación del resultado de las paradojas temporales, ya que sus percepciones e interacciones pueden influir directamente en el paisaje temporal. En el contexto de los viajes en el tiempo, los observadores no son espectadores pasivos, sino participantes activos cuyas observaciones pueden alterar el curso de los acontecimientos. Esta interacción dinámica entre observadores y paradojas temporales plantea cuestiones filosóficas sobre la naturaleza de la realidad y el papel de la conciencia humana en la configuración del tejido temporal del universo. Al examinar el papel de los observadores en las paradojas temporales, podemos comprender mejor la intrincada relación entre la percepción, la causalidad y los propios fundamentos del tiempo. En última instancia, el observador se convierte no sólo en un testigo de las paradojas temporales, sino en un actor clave en el desarrollo del drama de los viajes en el tiempo.

XLI. LA FILOSOFÍA DE LA CIENCIA

Al explorar el concepto de los viajes en el tiempo a través de la lente de la filosofía de la ciencia, hay que navegar por la intrincada red de física teórica e implicaciones filosóficas que surgen. Los viajes en el tiempo plantea importantes desafíos a los marcos científicos tradicionales, planteando cuestiones sobre la causalidad, el determinismo y la naturaleza de la propia realidad. Al ahondar en las complejidades de las paradojas temporales, como la paradoja del abuelo o la paradoja de Bootstrap, nos vemos obligados a enfrentarnos a las limitaciones de nuestra comprensión actual del universo. La interacción entre el tiempo, el espacio y la conciencia ofrece una profunda oportunidad para la investigación filosófica, ampliando los límites de nuestro conocimiento e invitándonos a reconsiderar nuestros supuestos fundamentales sobre la naturaleza de la existencia. Los viajes en el tiempo es un convincente experimento mental que nos desafía a enfrentarnos a lo desconocido y a reflexionar sobre el intrincado tapiz del cosmos.

El método científico y la investigación de los viajes en el tiempo

El método científico constituye el marco fundamental a través del cual puede llevarse a cabo la investigación sobre los viajes en el tiempo. Mediante el empleo de la observación sistemática, la medición, la experimentación y la formulación y comprobación de hipótesis, los científicos pueden navegar por las complejidades de la física temporal. En el ámbito de la investigación de los viajes en el tiempo, el método científico es crucial para verificar la viabilidad de los modelos teóricos y explorar las implicaciones potenciales de las paradojas temporales. Los investigadores deben probar rigurosamente sus hipótesis mediante la evidencia empírica y el razonamiento lógico para avanzar en nuestra comprensión de la naturaleza del tiempo y su manipulación. A medida que los estudios en este campo siguen ampliando los límites de nuestro conocimiento, el método científico sigue siendo una guía firme, que garantiza que las investigaciones sobre la teoría de los viajes en el tiempo sean metódicamente sólidas e intelectualmente robustas. Es a través del método científico como el enigma de los viajes en el tiempo se va desentrañando lentamente, revelando un mundo de infinitas posibilidades y profundas consecuencias.

El problema de demarcación en las teorías de los viajes en el tiempo

El problema de demarcación en las teorías de los viajes en el tiempo plantea un reto significativo a la hora de delimitar entre escenarios plausibles e inverosímiles en el marco de las paradojas temporales. Este problema surge de las complejidades inherentes a la definición de los límites de lo que constituye una narración de los viajes en el tiempo lógicamente coherente. Los físicos teóricos se enfrentan a la tarea de establecer criterios para evaluar la coherencia y viabilidad de diversas propuestas de viajes en el tiempo, teniendo en cuenta factores como la causalidad, la coherencia y la evitación de paradojas. A pesar de los continuos esfuerzos por abordar este reto, sigue siendo difícil lograr un criterio de demarcación universalmente aceptado, debido a la naturaleza especulativa inherente a los fenómenos de los viajes en el tiempo. A medida que los investigadores continúan explorando los matices de las teorías de los viajes en el tiempo, el problema de la demarcación sirve como punto crítico de atención y debate en el ámbito de la física teórica, destacando la intrincada interacción entre los principios científicos y las conjeturas especulativas en el estudio del fenómeno temporal.

El papel de la falsabilidad en la ciencia de los viajes en el tiempo

La falsabilidad desempeña un papel crucial en el estudio de la ciencia de los viajes en el tiempo, ya que proporciona un marco para probar la validez de diversos modelos teóricos. En el ámbito de la física teórica, donde abundan conceptos como los agujeros de gusano, las curvas temporales cerradas y las teorías del multiverso, la capacidad de falsar hipótesis es esencial para distinguir entre teorías válidas y meras especulaciones. Al establecer criterios comprobables para las teorías de los viajes en el tiempo, los investigadores pueden determinar qué modelos se sostienen ante las pruebas empíricas y cuáles se quedan cortos. Este proceso de falsabilidad ayuda a descartar las ideas que no se apoyan en el rigor científico y promueve una comprensión más sólida de los principios que rigen los viajes en el tiempo. Sin la aplicación de la falsabilidad, el campo de la ciencia de los viajes en el tiempo estaría empantanado en afirmaciones infalsificables y pseudociencia, lo que obstaculizaría el progreso hacia una comprensión más profunda de la naturaleza del tiempo y el espacio-tiempo.

XLII. EL AJUSTE FINO DEL UNIVERSO

El concepto de los viajes en el tiempo ha sido durante mucho tiempo fuente de fascinación y especulación tanto en círculos científicos como filosóficos. Al considerar el ajuste fino del universo, la idea de los viajes en el tiempo plantea cuestiones intrigantes sobre la causalidad, el determinismo y la naturaleza de la propia realidad. ¿Podría la capacidad de viajar en el tiempo proporcionarnos los medios para alterar las constantes fundamentales del universo, alterando así el delicado equilibrio que permite la existencia de la vida? Esta posibilidad abre un reino de paradojas y dilemas filosóficos que desafían nuestra comprensión del universo y de nuestro lugar en él. Al profundizar en las implicaciones teóricas de los viajes en el tiempo y su relación con el ajuste fino del universo, debemos enfrentarnos a las profundas incertidumbres y misterios que se encuentran en la intersección de la ciencia y la metafísica.

El argumento del ajuste fino y su relación con los viajes en el tiempo

El argumento del ajuste fino, invocado a menudo en los debates sobre cosmología y la existencia de un poder superior, se cruza con el concepto de los viajes en el tiempo de una forma que invita a la reflexión. Si consideramos el intrincado equilibrio de las constantes físicas y las condiciones iniciales necesarias para que exista vida en nuestro universo, se podría argumentar que la existencia misma de dicho ajuste fino implica la presencia de un diseñador o creador. Sin embargo, cuando introducimos la posibilidad de viajar en el tiempo, este argumento se enfrenta a un nuevo desafío. La capacidad de viajar en el tiempo podría alterar las condiciones de ajuste fino que permiten la vida, dando lugar a paradojas y contradicciones. Por tanto, el argumento del ajuste fino adquiere nuevas dimensiones cuando se considera en el contexto de los viajes en el tiempo, planteando cuestiones sobre la naturaleza de la causalidad, la agencia y la estructura fundamental de nuestro universo.

Las intervenciones temporales y las constantes de la naturaleza

Las intervenciones temporales, como los viajes en el tiempo, han sido a menudo objeto de fascinación y especulación en la física teórica. Una de las cuestiones clave que surgen al considerar tales intervenciones es cómo pueden afectar a las constantes de la naturaleza. Estas constantes, como la velocidad de la luz o la fuerza gravitatoria, se consideran propiedades fundamentales del universo. Si fuera posible viajar en el tiempo, ¿los cambios realizados en el pasado tendrían un efecto dominó que alteraría estas constantes? ¿Podrían tales alteraciones dar lugar a paradojas o incoherencias en el tejido del espacio-tiempo? Explorar las implicaciones de las intervenciones temporales en las constantes de la naturaleza requiere una cuidadosa consideración de los mecanismos subyacentes que rigen estas propiedades fundamentales. Profundizando en esta compleja interacción entre el tiempo, la causalidad y las constantes de la naturaleza, podemos comprender mejor las posibles consecuencias de manipular la realidad temporal.

Las consideraciones antrópicas en el ajuste fino y los viajes en el tiempo

Las consideraciones antrópicas en el ajuste fino y los viajes en el tiempo son aspectos cruciales a tener en cuenta al explorar el potencial de las paradojas temporales. El ajuste fino del universo para la vida tal como la conocemos plantea cuestiones sobre las constantes y condiciones fundamentales que permiten la existencia de seres inteligentes capaces de contemplar los viajes en el tiempo. Este ajuste sugiere un cierto nivel de propósito o diseño en el cosmos, que podría tener profundas implicaciones para la viabilidad de los viajes en el tiempo. Si el universo está afinado para albergar vida, es lógico que también lo esté para evitar las paradojas que podrían surgir de los viajes en el tiempo. La interacción entre los principios antrópicos y las implicaciones de los viajes en el tiempo requiere un examen minucioso para comprender plenamente la naturaleza de la existencia y la posibilidad de viajar en el tiempo.

XLIII. EL PROBLEMA DE LA IDENTIDAD

Los viajes en el tiempo plantea un profundo desafío a la noción de identidad personal, planteando cuestiones complejas sobre lo que significa ser la misma persona a lo largo del tiempo. Una de las cuestiones clave es el problema de la duplicación: si una persona viaja atrás en el tiempo y se encuentra con su yo más joven, ¿se encuentra con un persona diferente o simplemente con una versión anterior de sí misma? Esta cuestión golpea el corazón de nuestra comprensión del yo y la continuidad, obligándonos a lidiar con la idea de que la identidad puede no ser tan estable y singular como solemos suponer. Al profundizar en las implicaciones de los viajes en el tiempo, nos enfrentamos a la inquietante posibilidad de que nuestro sentido del yo sea mucho más fluido y contingente de lo que podríamos haber imaginado. Explorar estos enigmas filosóficos arroja luz sobre los profundos misterios del tiempo, la conciencia y la propia existencia.

La identidad personal en los viajes en el tiempo

La identidad personal en los viajes en el tiempo plantea una compleja cuestión filosófica que desafía nuestra comprensión de la mismidad y la continuidad. Cuando un individuo viaja en el tiempo, ¿conserva la misma identidad personal, o se convierte en una versión diferente de sí mismo en cada periodo de tiempo visitado? Este dilema se adentra en el corazón de lo que constituye la esencia de una persona y cómo se ve afectada por los cambios temporales. Algunos sostienen que la identidad personal está ligada a un flujo continuo de conciencia, lo que implica que los viajes en el tiempo podría alterar esta continuidad y dar lugar a un sentido fragmentado del yo. Otros sostienen que la identidad personal es más fluida y adaptable, y que permite la existencia simultánea de múltiples versiones de uno mismo en distintos momentos. Explorar estos puntos de vista contrapuestos puede conducir a una apreciación más profunda de las complejidades que rodean a la identidad personal en el contexto de los viajes en el tiempo y sus implicaciones para nuestra comprensión de la existencia.

La continuidad de la identidad a través de los cambios temporales

La continuidad de la identidad a través de los cambios temporales sigue siendo un tema complejo e intrigante dentro del ámbito de los viajes en el tiempo. Al considerar las implicaciones de viajar en el tiempo, hay que lidiar con la noción de cómo puede persistir la propia identidad a pesar de las alteraciones en el pasado o en el futuro. Esto plantea cuestiones profundas sobre la naturaleza de la identidad personal y el papel de la memoria en la formación de nuestro sentido del yo. A medida que los individuos se mueven por distintos puntos en el tiempo, pueden encontrarse con versiones de sí mismos que han divergido debido a sus acciones o interacciones con el pasado. Sin embargo, la esencia central de lo que somos, nuestras creencias, valores y experiencias, deben soportar estos cambios temporales para mantener un sentido cohesivo del yo. Al explorar la continuidad de la identidad en medio de los cambios temporales, profundizamos en los aspectos fundamentales de lo que nos hace ser quienes somos y en cómo navegamos por las complejidades de los viajes en el tiempo y sus paradojas potenciales.

Debates filosóficos sobre la identidad y los viajes en el tiempo

Los debates filosóficos sobre la identidad y los viajes en el tiempo profundizan en las intrincadas complejidades de la identidad personal en el contexto de la alteración potencial del pasado mediante los viajes en el tiempo. El concepto de los viajes en el tiempo plantea profundas cuestiones sobre la naturaleza de la identidad y las implicaciones de cambiar las acciones pasadas de uno. Filósofos como David Lewis y Derek Parfit han explorado experimentos mentales que implican viajes en el tiempo para cuestionar nuestra incomprensión de la identidad personal y la continuidad de la conciencia. Estos debates nos obligan a considerar si alterar el pasado cambiaría fundamentalmente lo que somos, o si nuestra identidad es inherentemente fija independientemente de las manipulaciones temporales. Al examinar estos argumentos filosóficos, se nos incita a enfrentarnos a las implicaciones existenciales de los viajes en el tiempo, desafiando nuestras nociones de identidad y las consecuencias inherentes de alterar el curso de la historia. En última instancia, estos debates nos invitan a contemplar la esencia misma de nuestro ser en relación con la fluidez del tiempo.

XLIV. EL TEJIDO DE LA REALIDAD

Profundiza en la compleja interacción entre el concepto de los viajes en el tiempo y el tejido fundamental de la realidad. Los viajes en el tiempo, tal como se teoriza en la física teórica, plantea profundas cuestiones sobre la causalidad, los universos paralelos y la naturaleza de la propia existencia. Al manipular el tiempo, se podría alterar potencialmente el curso de la historia, creando paradojas que desafían nuestra comprensión del universo. Se dice que el tejido mismo de la realidad está entrelazado con el flujo del tiempo, y que cada momento da forma al siguiente en una cadena continua de acontecimientos. Los viajes en el tiempo altera este delicado equilibrio, abriendo una caja de Pandora de implicaciones filosóficas y científicas. La naturaleza de la propia realidad puede ponerse en tela de juicio, mientras los viajeros en el tiempo navegan por la intrincada red de la causalidad y el destino. Al explorar las implicaciones de los viajes en el tiempo, nos vemos obligados a enfrentarnos a los límites de nuestra comprensión del universo y de nuestro lugar en él.

La naturaleza de la realidad en las teorías de los viajes en el tiempo

La naturaleza de la realidad en las teorías de los viajes en el tiempo es un tema plagado de complejidad y ambigüedad. Una teoría predominante postula que los viajes en el tiempo implica líneas temporales ramificadas, en las que los cambios realizados en el pasado crean una realidad alternativa en lugar de alterar la línea temporal original. Esta interpretación plantea cuestiones filosóficas sobre la naturaleza de la realidad y el concepto de universos paralelos. Otra teoría sugiere una línea temporal única e inmutable en la que los acontecimientos no pueden modificarse mediante viajes en el tiempo, lo que conduce al concepto de predestinación y destino. Ambas perspectivas ofrecen perspectivas intrigantes sobre la naturaleza del tiempo y la realidad, desafiando nuestra comprensión de la causalidad y el libre albedrío. Al profundizar en las implicaciones de estas teorías, nos enfrentamos a profundas cuestiones existenciales sobre el tejido de nuestro universo y la esencia misma de la existencia: la existencia misma. Las teorías de los viajes en el tiempo no sólo amplían los límites de la física, sino que también nos obligan a reevaluar nuestras creencias fundamentales sobre la naturaleza de la realidad.

La textura del espacio-tiempo y la manipulación temporal

Un aspecto fundamental para comprender el potencial de los viajes en el tiempo es el concepto de la textura del espacio-tiempo y cómo podría manipularse. En la física teórica, el espacio-tiempo se considera un continuo de cuatro dimensiones en el que tanto el espacio como el tiempo son inseparables. La idea de que el espacio-tiempo es flexible y puede ser curvado o deformado por objetos masivos, como describe la teoría de la relatividad general de Einstein, abre la posibilidad de manipular la textura del espacio-tiempo para alterar el flujo del tiempo. La manipulación temporal, por tanto, podría implicar doblar el espacio-tiempo para crear agujeros de gusano o utilizar tecnologías avanzadas para viajar hacia atrás o hacia delante en el tiempo. Sin embargo, las implicaciones de dicha manipulación son profundas y plantean cuestiones intrigantes sobre la causalidad, las paradojas y la naturaleza de la propia realidad. La exploración de la textura del espacio-tiempo y su potencial de manipulación temporal es un aspecto fascinante de la física teórica que desafía nuestra comprensión del universo y de los principios fundamentales que lo rigen.

La integridad de la realidad frente a las alteraciones temporales

La cuestión fundamental de mantener la integridad de la realidad frente a las alteraciones temporales plantea un complejo enigma en el ámbito de los viajes en el tiempo. A medida que se profundiza en los entresijos de la física teórica, el propio tejido de la realidad se vuelve susceptible de alteración cuando entra en juego la idea de cambiar el pasado. Los viajes en el tiempo plantea cuestiones profundas sobre la causalidad, el libre albedrío y la naturaleza de la propia existencia. La idea de alterar el pasado para modelar el futuro desafía nuestra comprensión de las leyes fundamentales del universo y la estructura de la realidad tal como la percibimos. Las paradojas temporales, como la paradoja del abuelo o la paradoja de Bootstrap, complican aún más la integridad de la realidad al introducir incoherencias y contradicciones lógicas. A medida que exploramos la intrincada red de complejidades temporales, la integridad de la realidad se erige como prueba de la interconexión del tiempo, el espacio y la consciencia frente a las posibles perturbaciones causadas por las alteraciones temporales.

XLV. LA POSIBILIDAD DE HISTORIAS PARALELAS

El concepto de los viajes en el tiempo abre un mundo de intrigantes posibilidades, una de las cuales es la idea de historias paralelas. Si los viajes en el tiempo fuera posible, se plantearía la cuestión de si la alteración de acontecimientos pasados podría crear líneas temporales divergentes, cada una con su propio conjunto de resultados. Esta noción desafía nuestra comprensión de la causalidad y la progresión lineal del tiempo. La idea de historias paralelas sugiere que cada decisión que tomemos podría conducir a múltiples realidades, ramificándose en caminos diferentes con consecuencias distintas. Sin embargo, el concepto también plantea paradojas, como la paradoja del abuelo, en la que alterar el pasado podría borrar potencialmente la propia existencia. Así pues, aunque la idea de las historias paralelas es cautivadora, también invita a examinar más de cerca las complejidades e implicaciones de manipular el propio tejido del tiempo.

El concepto de historias paralelas

El concepto de historias paralelas profundiza en la intrigante noción de que pueden existir múltiples líneas temporales, cada una de las cuales se ramifica en diferentes puntos de decisiones o acontecimientos cruciales. Esta teoría sugiere que cada elección realizada podría conducir potencialmente a un nuevo universo paralelo, que coexistiría junto al nuestro. En el ámbito de los viajes en el tiempo, esta idea podría tener profundas implicaciones, al permitir la posibilidad de explorar realidades alternativas y encontrar diferentes resultados de acontecimientos pasados. La existencia de historias paralelas desafía nuestra comprensión de la cautela y el determinismo, planteando cuestiones sobre el libre albedrío y la naturaleza de la propia realidad. Mientras navegamos por las complejidades de las paradojas temporales y las implicaciones de alterar el pasado, el concepto de historias paralelas ofrece una visión tentadora de las infinitas posibilidades que pueden yacer más allá de nuestra comprensión actual del tiempo y el espacio.

El papel de los viajes en el tiempo en la creación de líneas temporales divergentes

Los viajes en el tiempo, a menudo explorado en la ciencia ficción, presenta un concepto fascinante en la física teórica por su potencial para crear líneas temporales divergentes. La idea de alterar el pasado para cambiar el presente plantea cuestiones sobre la naturaleza de la causalidad y la interconexión de los acontecimientos. Si los viajes en el tiempo fuera posible, podría dar lugar a la creación de múltiples líneas temporales, cada una de las cuales se ramificaría a partir de un punto específico de divergencia. Estas líneas temporales divergentes podrían coexistir simultáneamente, presentando una compleja red de posibilidades y resultados. Sin embargo, las implicaciones de tales divergencias siguen siendo inciertas, ya que desafían nuestra comprensión del tiempo lineal y el concepto de una realidad singular. Explorar el papel de los viajes en el tiempo en la creación de líneas temporales divergentes abre intrigantes vías para la investigación filosófica y científica, ofreciendo una visión de la naturaleza del tiempo y de las consecuencias potenciales de alterarlo.

La coexistencia de múltiples historias

La coexistencia de múltiples historias es un concepto que cuestiona nuestra comprensión del tiempo lineal y la causalidad. En el ámbito de los viajes en el tiempo, la noción de que pueden existir simultáneamente diferentes líneas temporales abre una plétora de posibilidades y paradojas. Un marco teórico sugiere que cada decisión tomada crea una ramificación hacia realidades alternativas, en las que se producen resultados diferentes. Esta idea introduce la idea de que no existe una historia "correcta" singular, sino una multitud de historias coexistentes, cada una con su propio conjunto de acontecimientos y consecuencias. Las implicaciones de este concepto son profundas, ya que nos obliga a considerar la fluidez y complejidad del propio tiempo. Explorar la coexistencia de múltiples historias no sólo amplía nuestra comprensión del universo, sino que también desafía nuestras percepciones de la existencia y la realidad. Al profundizar en las implicaciones de las historias múltiples, nos enfrentamos a la intrincada red de posibilidades que surgen de la naturaleza interconectada del tiempo y la causalidad.

XLVI. LA CONSERVACIÓN DEL CONOCIMIENTO

Los viajes en el tiempo han cautivado durante mucho tiempo la imaginación humana, planteando cuestiones filosóficas sobre la causalidad y la conservación del conocimiento en distintos planos temporales. El concepto de los viajes en el tiempo abre la posibilidad de revisar acontecimientos históricos y obtener nuevas perspectivas sobre el pasado. Sin embargo, una preocupación importante es la posibilidad de alterar las líneas temporales y cambiar el curso de la historia. Para preservar el conocimiento y evitar paradojas temporales, deben establecerse directrices éticas estrictas para las personas que realizan viajes en el tiempo. Es responsabilidad de estos viajeros en el tiempo asegurarse de que no alteran el tejido de la realidad ni borran inadvertidamente acontecimientos clave que han dado forma a nuestro presente. Al considerar las implicaciones de los viajes en el tiempo para la conservación del conocimiento, podemos comprender mejor los dilemas éticos y las complejidades inherentes a este concepto que invita a la reflexión.

La transmisión del conocimiento a través del tiempo

La transmisión de conocimientos a través del tiempo es un concepto complejo e intrigante que plantea cuestiones sobre la naturaleza del intercambio de información en distintos contextos temporales. Al considerar las implicaciones de la comunicación de conocimientos a través del tiempo, primero hay que examinar los métodos y medios a través de los cuales podría producirse dicha transmisión. Desde las antiguas tradiciones orales hasta los modernos archivos digitales, la evolución de la tecnología de la comunicación ha influido significativamente en la forma en que se difunde y conserva el conocimiento. Además, la idea de la transmisión del conocimiento a través del tiempo introduce indagaciones filosóficas sobre la naturaleza de la verdad, la memoria y la interpretación. En un marco temporal, puede cuestionarse la fiabilidad y veracidad del conocimiento transmitido, lo que lleva a debates sobre la fluidez de la historia y la naturaleza subjetiva de la percepción. En última instancia, la transmisión de conocimientos a través del tiempo invita a reflexionar sobre la interacción dinámica entre pasado, presente y futuro, poniendo de relieve la intrincada relación entre información, cultura y temporalidad.

La salvaguarda de la información en los escenarios de viajes en el tiempo

La salvaguarda de la información en los escenarios de viajes en el tiempo es un aspecto crucial que debe considerarse cuidadosamente para evitar posibles paradojas y alteraciones del tejido del espacio-tiempo. En el ámbito de la física teórica, el concepto de preservación de la información desempeña un papel clave para garantizar la integridad de los acontecimientos pasados, presentes y futuros. Cuando un individuo viaja en el tiempo, la transmisión de información a través de distintos puntos temporales puede provocar discrepancias y alteraciones en la línea temporal. Por lo tanto, deben establecerse protocolos y mecanismos para salvaguardar los datos sensibles y garantizar su coherencia a lo largo del viaje. Aplicando métodos de encriptación robustos, técnicas de entrelazamiento cuántico y algoritmos criptográficos avanzados, se puede minimizar el riesgo de corrupción o alteración de la información, manteniendo así la estabilidad y coherencia del continuo espacio-tiempo. En esencia, la salvaguarda de la información en los viajes en el tiempo es esencial para preservar el orden y la causalidad de los acontecimientos en el siempre complejo panorama de las paradojas temporales.

El papel del conocimiento en la resolución de las paradojas temporales

El papel del conocimiento en la resolución de las paradojas temporales es esencial para comprender las complejidades de los viajes en el tiempo. En el núcleo de estas paradojas se encuentran las contradicciones inherentes que surgen al intentar alterar acontecimientos del pasado. Con una base sólida de conocimientos de física teórica, se puede navegar a través de los entresijos de la causalidad y de paradojas como la paradoja del abuelo o la paradoja de Bootstrap. Profundizando en conceptos como el principio de autoconsistencia de Novikov o la idea de universos paralelos, se puede empezar a desentrañar los misterios de los viajes en el tiempo y sus posibles implicaciones. Mediante un análisis cuidadoso de la interacción entre el conocimiento, la cautela y las paradojas, se puede aspirar a una comprensión más profunda de la naturaleza del propio tiempo y de las implicaciones de manipularlo mediante el viaje. El conocimiento se convierte en la clave para desvelar los secretos de los viajes en el tiempo y resolver las paradojas que encierra.

XLVII. LA CONTINUIDAD DE LA CIENCIA Y LA FICCIÓN

La exploración de los viajes en el tiempo se adentra en los entresijos de la física teórica y en las difusas líneas que separan la ciencia de la ficción. El concepto de los viajes en el tiempo ha cautivado las mentes durante siglos, dando lugar a una plétora de investigaciones científicas y obras literarias imaginativas. Al navegar por el continuo de la ciencia y la ficción, nos enfrentamos al reto de discernir dónde acaba una y empieza la otra. La física teórica ofrece tentadoras posibilidades de manipular el tiempo, mientras que la ficción nos permite explorar estas posibilidades de forma creativa y sugerente. La interacción entre la teoría científica y la interpretación artística crea un rico tapiz de ideas en torno a los viajes en el tiempo, que nos desafía a replantearnos nuestra comprensión del universo y nuestro lugar en él. La fusión de ciencia y ficción en el ámbito de los viajes en el tiempo abre las puertas a nuevos campos de posibilidades y exploración.

La interacción entre las teorías científicas y los relatos de ficción

La interacción entre las teorías científicas y los relatos de ficción es un fenómeno complejo e intrigante que ha captado el interés de estudiosos y aficionados por igual. En el ámbito de los viajes en el tiempo y las paradojas temporales, esta interacción resulta especialmente pronunciada cuando los conceptos de la física teórica se funden con la narrativa imaginativa. Las teorías científicas proporcionan una base para explorar las posibilidades de los viajes en el tiempo, ofreciendo explicaciones sobre cómo podría lograrse teóricamente y las posibles consecuencias de alterar el pasado o el futuro. Por otra parte, los relatos de ficción suelen tomar estas teorías y llevarlas al límite, poniendo a prueba los límites de la verosimilitud y desafiando nuestra comprensión del universo. Al examinar conjuntamente las teorías científicas y los relatos de ficción, podemos comprender mejor las implicaciones de los viajes en el tiempo y la intrincada red de paradojas temporales que conlleva. Esta síntesis de realidad y ficción nos permite explorar las implicaciones filosóficas, éticas y científicas de la manipulación del tiempo, a la vez que nos complacemos en las posibilidades fantásticas que dicha manipulación presenta.

El bucle de retroalimentación entre la ciencia ficción y la investigación científica

El bucle de retroalimentación entre la ciencia ficción y la investigación científica es una relación compleja y dinámica que ha evolucionado con el tiempo. A principios del siglo XX, escritores de ciencia ficción como H.G. Wells y Julio Verne imaginaban mundos fantásticos y tecnologías futuristas que parecían estar más allá de lo posible. Sin embargo, a medida que avanzaban los conocimientos científicos, muchos de estos conceptos imaginados se convirtieron en el centro de investigaciones científicas serias. Conceptos como los viajes en el tiempo, los universos paralelos y la inteligencia artificial se han explorado tanto en la ciencia ficción como en la investigación científica, y cada ámbito influye en el otro en un bucle continuo de inspiración e innovación. Hoy en día, la literatura de ciencia ficción sigue ampliando las fronteras de nuestra imaginación, desafiando a los científicos a considerar nuevas posibilidades y superando los límites de nuestra comprensión actual del universo. Este bucle de retroalimentación entre la ciencia ficción y la investigación científica no sólo alimenta la innovación, sino que también enriquece nuestra comprensión colectiva del mundo que nos rodea.

La frontera entre la ciencia verosímil y la ficción especulativa

La frontera entre la ciencia verosímil y la ficción especulativa en el ámbito de los viajes en el tiempo y las paradojas temporales es compleja y llena de matices. Teorías científicas como la teoría de la relatividad de Einstein y el concepto de espacio-tiempo ofrecen una base para explorar la posibilidad de viajar en el tiempo, pero la aplicación práctica de estas teorías permanece firmemente en el terreno de la especulación. A medida que los investigadores profundizan en las implicaciones de los viajes en el tiempo, deben navegar por la delgada línea que separa la verosimilitud científica de la narración imaginativa. El reto consiste en distinguir entre lo que es teóricamente posible según los conocimientos científicos actuales y lo que traspasa los límites de la ciencia conocida y se adentra en el terreno de la ficción. Analizando cuidadosamente las últimas investigaciones y marcos teóricos, podemos ampliar los límites de nuestra comprensión, manteniendo al mismo tiempo una postura crítica hacia las ideas que puedan desviarse demasiado hacia el reino de la fantasía.

XLVIII. LA NOCIÓN DE PROGRESO

El concepto de los viajes en el tiempo abre posibilidades intrigantes para la noción de progreso. Al contemplar la idea de viajar en el tiempo, uno se ve obligado a considerar cómo el progreso puede verse afectado o incluso redefinido por tal fenómeno. Los viajes en el tiempo permite la exploración de líneas temporales alternativas y la posibilidad de cambiar acontecimientos pasados, lo que plantea preguntas sobre la dirección y la naturaleza del progreso. ¿Seguiría el progreso una trayectoria lineal si los individuos pudieran alterar el curso de la historia mediante los viajes en el tiempo? ¿O se convertiría el progreso en una fuerza más caótica e impredecible, influida por los caprichos de quienes tienen la capacidad de manipular el tiempo? Estas preguntas ponen de relieve la compleja relación entre el progreso y el tiempo, y nos desafían a replantearnos nuestra comprensión del avance y el desarrollo en el contexto del viaje temporal. Al examinar las implicaciones de los viajes en el tiempo sobre el concepto de progreso, obtenemos valiosos conocimientos sobre la naturaleza del cambio y la evolución en nuestra comprensión del universo.

El concepto de progreso en un contexto temporal

El concepto de progreso en un contexto temporal es una idea matizada y polifacética que ha fascinado a filósofos, científicos y pensadores a lo largo de la historia. En el ámbito de los viajes en el tiempo y las paradojas temporales, la noción de progreso adquiere una dimensión compleja cuando nos enfrentamos a las implicaciones de alterar el pasado o influir en el futuro. La propia idea de progreso está intrínsecamente ligada al paso del tiempo, ya que implica un movimiento hacia delante, hacia la mejora o el desarrollo. Sin embargo, cuando introducimos la capacidad de manipular el tiempo, la trayectoria lineal del progreso se vuelve confusa e incierta. ¿Cómo medimos el progreso cuando la propia línea temporal se vuelve fluida y mutable? Las implicaciones de alterar el pasado para cambiar el futuro plantean profundas cuestiones sobre la naturaleza del progreso y nuestra comprensión de la causa y el efecto en un contexto temporal. Al profundizar en las complejidades de los viajes en el tiempo y las paradojas temporales, nos vemos obligados a reconsiderar nuestros supuestos sobre el progreso y el propio tejido de la realidad.

El impacto de los viajes en el tiempo en el desarrollo de la sociedad

El impacto de los viajes en el tiempo en el desarrollo de la sociedad es un concepto polifacético y complejo que plantea numerosas consideraciones éticas, filosóficas y prácticas. En esencia, la capacidad de viajar en el tiempo alteraría fundamentalmente nuestra comprensión de la causa y el efecto, desafiando el tejido mismo de la sociedad y la existencia humana. Las implicaciones potenciales de los viajes en el tiempo sobre los acontecimientos históricos, las normas culturales y los avances tecnológicos son inmensas, con la capacidad de reescribir el pasado, el presente y el futuro. Sin embargo, las consecuencias de alterar el curso de la historia podrían provocar paradojas imprevistas e interrupciones en la línea temporal, creando un efecto dominó que podría tener consecuencias de gran alcance en el desarrollo de la sociedad. Por ello, es necesario seguir explorando y analizando las repercusiones de los viajes en el tiempo para comprender plenamente las implicaciones y el potencial de este concepto revolucionario.

La reevaluación del progreso mediante la manipulación temporal

La reevaluación del progreso mediante la manipulación temporal plantea retos intrigantes en el ámbito de los viajes en el tiempo. Al alterar el pasado o el futuro, se puede cambiar potencialmente el curso de los acontecimientos e influir en la progresión de la línea temporal. Esta manipulación plantea la cuestión de cómo medir y evaluar con precisión el progreso cuando el pasado, el presente y el futuro están en constante cambio. Mientras que algunos pueden argumentar que la manipulación del tiempo podría ofrecer oportunidades para corregir errores o lograr resultados diferentes, otros pueden advertir contra las consecuencias impredecibles que pueden derivarse de tales intervenciones. Al considerar las implicaciones de la manipulación temporal en la evaluación del progreso, resulta esencial reconocer la complejidad y las incertidumbres inherentes a la navegación por los entresijos de los viajes en el tiempo. En última instancia, un examen cuidadoso de estas cuestiones es crucial para comprender las implicaciones éticas, filosóficas y prácticas de la manipulación del tiempo en la búsqueda del progreso.

XLIX. LA ÉTICA DE LA INTERVENCIÓN TEMPORAL

Al adentrarnos en el ámbito de los viajes en el tiempo y las implicaciones éticas de intervenir en el flujo temporal, nos enfrentamos a una miríada de consideraciones complejas. La noción misma de alterar el curso de la historia plantea cuestiones sobre las consecuencias de nuestras acciones y el impacto en el tejido de la realidad. ¿Deberíamos tener el poder de cambiar los acontecimientos del pasado en nuestro propio beneficio, sabiendo que ello podría tener repercusiones de gran alcance en el futuro? Los dilemas éticos que rodean la intervención temporal exigen un examen cuidadoso de nuestros motivos y del daño potencial que puede derivarse de nuestra interferencia. Por un lado, la tentación de corregir errores pasados o evitar tragedias puede ser fuerte, pero, por otro, debemos considerar el delicado equilibrio de la causalidad y las consecuencias imprevistas que podrían derivarse de nuestras acciones. Al navegar por el laberinto ético de los viajes en el tiempo, debemos andar con cuidado para evitar crear paradojas y alterar el orden natural del universo.

Las implicaciones morales de cambiar el pasado

Uno de los dilemas morales más complejos que surgen del concepto de los viajes en el tiempo es la idea de cambiar el pasado. A primera vista, alterar los acontecimientos históricos puede parecer atractivo, ya que ofrece la oportunidad de corregir errores o evitar tragedias. Sin embargo, si se examinan más de cerca, las implicaciones de tales acciones pueden ser profundas y de gran alcance. Cambiar el pasado podría alterar el curso natural de la historia, provocando consecuencias imprevistas y alterando potencialmente todo el tejido de la realidad. Además, las consideraciones éticas de anular el libre albedrío y manipular las decisiones de los individuos plantean cuestiones importantes sobre la naturaleza de la moralidad y los límites de la intervención humana. A la luz de estos retos, resulta evidente que manipular el pasado es una empresa moralmente precaria que requiere una reflexión cuidadosa y una profunda comprensión de la interconexión del tiempo y la causalidad.

Las responsabilidades de los viajeros en el tiempo

Las responsabilidades de los viajeros en el tiempo son complejas y pesadas, ya que navegan por la intrincada red de causalidad y paradojas inherentes a sus viajes en el tiempo. Una responsabilidad primordial es adherirse a los principios de no interferencia, asegurándose de que sus acciones no interrumpan la progresión natural de los acontecimientos en la línea temporal. Los viajeros en el tiempo también deben considerar cuidadosamente las posibles consecuencias de sus intervenciones, ya que incluso las pequeñas alteraciones pueden tener efectos de gran alcance en el curso de la historia. Además, deben estar preparados para afrontar cualquier desafío imprevisto o dilema ético que pueda surgir durante sus viajes. En última instancia, las responsabilidades de los viajeros temporales van mucho más allá de la mera exploración u observación; cargan con el peso de influir en el propio tejido del tiempo, lo que exige una aguda comprensión de las implicaciones de sus acciones y un profundo respeto por el delicado equilibrio del continuo temporal.

Marcos éticos para la intromisión temporal

Los marcos éticos de la intromisión temporal son consideraciones esenciales en el debate sobre los viajes en el tiempo y sus posibles consecuencias. Uno de los principales dilemas éticos surge del impacto de la alteración del pasado en las líneas temporales presentes y futuras. La intromisión temporal podría tener efectos de gran alcance sobre los individuos, las sociedades e incluso sobre el curso de la propia historia. Plantea cuestiones sobre la moralidad de cambiar los acontecimientos en beneficio propio, el potencial de consecuencias imprevistas y la responsabilidad de quienes tienen el poder de manipular el tiempo. Los marcos éticos proporcionan directrices para evaluar las consecuencias de la intromisión temporal y determinar el curso ético de la acción en escenarios hipotéticos. Al considerar las implicaciones de alterar el pasado y ser conscientes de las dimensiones éticas de la manipulación temporal, podemos comprender mejor las complejidades morales que entraña el concepto de los viajes en el tiempo y esforzarnos por navegar por estas paradojas potenciales con sabiduría y precaución.

L. DIRECCIONES FUTURAS EN LA INVESTIGACIÓN DE LOS VIAJES EN EL TIEMPO

Las direcciones futuras de la investigación sobre los viajes en el tiempo prometen desentrañar los misterios de las paradojas temporales y ampliar nuestra comprensión del propio tejido del tiempo. A medida que avanza la tecnología y se profundiza en nuestro conocimiento de la física cuántica, los investigadores están explorando nuevas vías no sólo para teorizar sobre los viajes en el tiempo, sino también para probar potencialmente estas teorías en un entorno controlado. Una vía prometedora es la exploración de los agujeros de gusano, que podrían servir como atajos a través del espacio-tiempo, permitiendo el viaje instantáneo a distintos puntos del pasado o del futuro. Además, los avances en el campo del entrelazamiento cuántico pueden ofrecer nuevas perspectivas sobre la naturaleza de la causalidad y la interconexión de todos los acontecimientos del universo. Empujando los límites de nuestro conocimiento y explorando estos conceptos de vanguardia, es posible que los investigadores pronto desvelen la clave de una de las mayores fantasías de la humanidad: la capacidad de manipular el propio tiempo.

Teorías y tecnologías emergentes

Las teorías y tecnologías emergentes desempeñan un papel crucial en la exploración de los complejos conceptos que rodean a los viajes en el tiempo y las paradojas temporales. A medida que los avances de la mecánica cuántica y la astrofísica siguen ampliando los límites de nuestra comprensión del universo, surgen nuevas hipótesis sobre la viabilidad de la manipulación del tiempo. La integración de tecnologías de vanguardia como la Inteligencia Artificial y la informática cuántica en los modelos teóricos abre nuevas vías de investigación y experimentación en el ámbito de la dinámica temporal. Estos enfoques innovadores ofrecen nuevas perspectivas sobre las complejidades de los bucles temporales, los universos paralelos y las implicaciones de alterar acontecimientos pasados. Al adoptar estas teorías y tecnologías emergentes, los científicos e investigadores están preparados para desentrañar los misterios de los viajes en el tiempo y sus posibles paradojas, arrojando luz sobre la naturaleza fundamental del espacio-tiempo y nuestro lugar en él.

Los próximos pasos en la verificación experimental

Para avanzar en la verificación experimental en el ámbito de los viajes en el tiempo y las paradojas temporales, es imprescindible considerar el desarrollo de tecnologías avanzadas que puedan simular y probar los marcos teóricos propuestos por los físicos. Una posible vía de exploración es la utilización de aceleradores de partículas para investigar los posibles efectos de la dilatación temporal o la existencia de curvas temporales cerradas. Además, la realización de experimentos controlados en entornos controlados puede ayudar a arrojar luz sobre la viabilidad y las consecuencias de los viajes en el tiempo. La colaboración entre físicos teóricos y experimentalistas será crucial para diseñar y llevar a cabo estos experimentos, garantizando la validez y el rigor de los resultados obtenidos. Empujando los límites de la investigación científica y la innovación tecnológica, podemos seguir desentrañando los misterios que rodean a los viajes en el tiempo y las paradojas temporales, avanzando en nuestra comprensión de la naturaleza fundamental del tiempo y el espacio.

El potencial de las aplicaciones prácticas de los viajes en el tiempo

El potencial de las aplicaciones prácticas de los viajes en el tiempo presenta una miríada de posibilidades intrigantes que podrían revolucionar diversos campos. Desde la investigación histórica hasta el análisis predictivo, la capacidad de viajar en el tiempo podría aportar valiosos conocimientos y soluciones a problemas complejos. Por ejemplo, los historiadores podrían presenciar de primera mano momentos cruciales de la historia, arrojando luz sobre acontecimientos envueltos en misterio o controversia. En el ámbito de la ciencia y la tecnología, los viajes en el tiempo podría permitir a los investigadores observar los efectos a largo plazo de los experimentos en tiempo real, acelerando el ritmo de la innovación. Además, en el campo de la prevención y gestión de catástrofes, la capacidad de viajar en el tiempo podría ayudar a prever y mitigar acontecimientos catastróficos antes de que se produzcan. Sin embargo, las implicaciones éticas y las paradojas potenciales asociadas al viaje práctico en el tiempo deben considerarse cuidadosamente para garantizar un uso responsable y beneficioso de esta extraordinaria tecnología.

LI. CONCLUSIÓN

En conclusión, el concepto de los viajes en el tiempo y las posibles paradojas temporales que podrían surgir plantean cuestiones intrigantes que desafían nuestra comprensión de la naturaleza del tiempo y la causalidad. Mediante la exploración de ideas como la paradoja del abuelo, la paradoja de Bootstrap y la paradoja de los gemelos, hemos profundizado en las complejidades de los viajes en el tiempo y las implicaciones de alterar el pasado. Aunque la física teórica ofrece soluciones potenciales como la interpretación de muchos mundos y el principio de autoconsistencia de Novikov, las paradojas ponen de relieve los misterios fundamentales del tiempo que siguen sin resolverse. Mientras seguimos ampliando los límites de la investigación científica, la exploración de los viajes en el tiempo no sólo cautiva nuestra imaginación, sino que también estimula el pensamiento crítico sobre la naturaleza de la realidad. En última instancia, el estudio de los viajes en el tiempo y las paradojas temporales sirve como una lente fascinante a través de la cual reflexionar sobre la naturaleza enigmática del propio tiempo.

Resumen de puntos clave y conclusiones

En conclusión, la exploración de los viajes en el tiempo y las paradojas temporales ha desenterrado una gran cantidad de conceptos e implicaciones fascinantes en el ámbito de la física teórica. Se han descubierto puntos clave, como el potencial de los bucles de causalidad y la paradoja del abuelo, que desafían nuestra comprensión del tiempo y su linealidad inherente. Las conclusiones de varios experimentos mentales y modelos teóricos han arrojado luz sobre las complejidades de los viajes en el tiempo, incluida la necesidad de marcos consistentes como el principio de autoconsistencia de Novikov para evitar que se produzcan paradojas. También se han debatido las implicaciones de la dilatación temporal, las líneas temporales alternativas y el efecto mariposa, destacando la intrincada red de posibilidades que surgen al contemplar la manipulación del tiempo. En general, el estudio de los viajes en el tiempo ofrece un rico tapiz de retos intelectuales y reflexiones filosóficas que siguen cautivando nuestra imaginación y ampliando los límites de nuestra comprensión del universo.

El futuro de los viajes en el tiempo y las paradojas temporales

El futuro de los viajes en el tiempo plantea preguntas intrigantes sobre la existencia de paradojas temporales. A medida que profundizamos en el ámbito de la física teórica, las implicaciones de los viajes en el tiempo se hacen cada vez más complejas. Una de las principales preocupaciones es la posibilidad de provocar paradojas al alterar el pasado, dando lugar a una cadena de acontecimientos que se contradicen entre sí. El concepto de la paradoja del abuelo, en la que uno viaja atrás en el tiempo e impide su propia existencia al afectar al pasado, pone de relieve los peligros potenciales de alterar la línea temporal. Sin embargo, los avances de la mecánica cuántica pueden ofrecer soluciones para mitigar estas paradojas, como la posibilidad de universos paralelos o la idea de una línea temporal autocurativa. Explorar los matices de los viajes en el tiempo y las paradojas temporales no sólo amplía nuestra comprensión del universo, sino que también cuestiona nuestra percepción de la causalidad y la naturaleza de la realidad.

Reflexiones finales sobre las implicaciones para la humanidad y la ciencia

En conclusión, las implicaciones para la humanidad y la ciencia en relación con los viajes en el tiempo y las paradojas temporales son amplias y profundas. La capacidad de manipular el tiempo plantea cuestiones éticas sobre las consecuencias de alterar acontecimientos pasados y el potencial para crear nuevas líneas temporales. Desde una perspectiva científica, explorar los conceptos de los viajes en el tiempo desafía nuestra comprensión de las leyes fundamentales de la física y la naturaleza de la causalidad. Abre nuevas posibilidades de investigación y descubrimiento, ampliando los límites de nuestro conocimiento e imaginación. Las implicaciones de los viajes en el tiempo van más allá de la física teórica y suscitan debates filosóficos sobre el libre albedrío, el determinismo y la naturaleza de la realidad. A medida que profundizamos en los misterios del tiempo, debemos abordar estos complejos conceptos con cautela y humildad, conscientes del profundo impacto que pueden tener en nuestra comprensión del universo y de nuestro lugar en él.

BIBLIOGRAFÍA

Steffen Lempp. 'Teoría de la recursión y complejidad'. Actas del Taller Kazan '97, Kazan, Rusia, 1419 de julio de 1997, Marat M. Arslanov, Walter de Gruyter GmbH & Co KG, 10/10/2014

Jamal N. Islam. 'El destino último del universo'. Cambridge University Press, 14/4/1983

Steven Manly. 'Visiones del Multiverso'. Red Wheel/Weiser, 20/2/2011

Simon Friederich. 'Teorías del Multiverso'. Una perspectiva filosófica, Cambridge University Press, 28/2/2021

Scott Carpenter. 'Lecciones de lectura'. Una Introducción a la Teoría, PrenticeHall, 1/1/2000

Sal Rachele. 'El misterio del tiempo'. Light Technology Publishing, 1/3/2020

Steven J. Osterlind. 'Construcción de ítems de test'. Opción múltiple, respuesta construida, rendimiento y otros formatos, Springer Science & Business Media, 17/12/2005

Joseph Reinemann. 'Sombras del tiempo'. Lulu Enterprises Incorporated, 1/4/2006

Alfred R. Mele. 'El entorno del libre albedrío'. Filosofía, Psicología, Neurociencia, Oxford University Press, 1/1/2015

Academia Nacional de Medicina. Edición del Genoma Humano. Ciencia, Ética y Gobernanza, Academias Nacionales de Ciencias, Ingeniería y Medicina, National Academies Press, 13/8/2017

Ulrich Meyer. 'La naturaleza del tiempo'. OUP Oxford, 25/7/2013

Nikk Effingham. 'Viaje en el tiempo'. Probabilidad e Imposibilidad, Oxford University Press, 20/2/2020

Anthony Dudo. 'Comunicación científica estratégica'. Guía para establecer los objetivos adecuados para una participación pública más eficaz, John C. Besley, JHU Press, 27/09/2022

Alison M. Vacca. 'Una narrativa del Futuh armenio'. Historia del Califato del siglo VIII de Lewond, Sergio La Porta, Instituto para el Estudio de las Culturas Antiguas, 31/12/2024

Diana C. Mutz. 'Influencia impersonal'. Cómo afectan las percepciones de los colectivos de masas a las actitudes políticas, Cambridge University Press, 28/11/1998

Joan Ormrod. 'Los viajes en el tiempo en los medios de comunicación populares'. Ensayos sobre cine, televisión, literatura y videojuegos, Matthew Jones, McFarland, 18/3/2015

Jeffrey C. Lagarias. 'El desafío definitivo'. El Problema de $3x+1$, Sociedad Matemática Americana, 19/4/2023

Glenn Shafer. 'Una teoría matemática de la evidencia'. Princeton University Press, 21/4/1976

IntroLibros. 'Teorías de Stephen Hawkings sobre el Universo'. IntroBooks, 22/2/2018

Agnes F. Vandome. 'Conjetura de protección cronológica'. Frederic P. Miller, VDM Publishing, 3/4/2011

Jeff Sanny. 'Física Universitaria, Volumen 3'. Samuel J. Ling, Samurai Media Limited, 19/12/2017

Neill Graham. 'La interpretación de muchos mundos de la mecánica cuántica'. Bryce Seligman Dewitt, Princeton University Press, 3/8/2015

Adam Becker. '¿Qué es lo real? La búsqueda inacabada del significado de la física cuántica', Basic Books, 20/3/2018

Joseph Gabriel. 'La física cuántica de los viajes en el tiempo'. Relatividad, espacio-tiempo, agujeros negros, agujeros de gusano, retrocausalidad, paradojas, Cosmology Science Publishers, 1/3/2014

Christoph Friedrich Grieb. 'bd. Deutschenglisch.' Mentorverlag, g. m. b. h., 1/1/1911

Ryan Wasserman. 'Paradojas de los viajes en el tiempo'. Oxford University Press, 1/1/2018

Richard Wiseman. 'El principio "como si"'. El enfoque radicalmente nuevo para cambiar tu vida, Simon and Schuster, 1/21/2014

Robert Weinberg. 'La ciencia de Stephen King'. De Carrie a la Celda, La aterradora verdad tras los maestros del horror de ficción, Lois H. Gresh, John Wiley & Sons, 31/8/2007

Barry Schwartz. 'La paradoja de la elección'. Por qué más es menos, edición revisada, Harper Collins, 13/10/2009

Sander Bais. 'Relatividad muy especial'. Una guía ilustrada, Harvard University Press, 1/1/2007

John Sieglaff. 'La paradoja de los gemelos'. Una historia relativamente posible, John Sieglaff, 8/10/2017

E. Roy Pike. 'Los límites de la resolución'. Geoffrey de Villiers, CRC Press, 10/3/2016

Random House Webster's Unabridged Dictionary. Random House Reference, 1/1/2001

Joe Orange . 'La paradoja de Bootstrap'. Si tú lo construyes, 25/8/2023

Michael Krausz. '¿Existe una única interpretación correcta?'. Penn State Press, 1/11/2010

Kenneth C. Williams. 'La ciencia política experimental y el estudio de la causalidad'. De la naturaleza al laboratorio, Rebecca B. Morton, Cambridge University Press, 8/6/2010

Efosa Ojomo. 'La paradoja de la prosperidad'. Cómo la innovación puede sacar a las naciones de la pobreza, Clayton M. Christensen, HarperCollins, 15/1/2019

Steven Burgauer. 'La paradoja del abuelo'. Author Solutions, 1/27/2011

Bruce Henderson. 'Viajero en el tiempo'. La misión personal de un científico para hacer realidad los viajes en el tiempo, Dr. Ronald L. Mallett, Basic Books, 29/4/2009

Anónimo. 'La revista británica de ajedrez; Volumen 16'. Creative Media Partners, LLC, 18/10/2018

Matt Visser. 'Agujeros de gusano lorentzianos'. De Einstein a Hawking, American Inst. of Physics, 1/1/1995

Serguei Krasnikov. 'Viajes hacia atrás en el tiempo y más rápidos que la luz en relatividad general'. Springer, 5/10/2018

R. Sala Mayato. 'El tiempo en la mecánica cuántica'. Gonzalo Muga, Springer, 30/11/2007

Albert Einstein. 'Relatividad'. La teoría de Einstein sobre el espacio-tiempo, la dilatación del tiempo, la gravedad y la cosmología, Red and Black Publishers, 1/1/2009

George E. Smith. 'El Cambridge Companion de Newton'. I. Bernard Cohen, Cambridge University Press, 25/4/2002

Carlo Rovelli. 'El orden del tiempo'. Penguin, 5/8/2018

Paul J. Nahin. 'Máquinas del Tiempo'. Viajes en el tiempo en la física, la metafísica y la ciencia ficción, Springer Science & Business Media, 20/4/2001

Alan Gordon. 'Viajes en el tiempo'. Tourism and the Rise of the Living History Museum in Mid Twentieth Century Canada, UBC Press, 15/4/2016.

Mary Ann McColl. 'Bases teóricas de la Terapia Ocupacional'. SLACK Incorporated, 1/1/2003

David Wittenberg. 'Viaje en el tiempo'. La Filosofía Popular de la Narrativa, Fordham Univ Press, 1/1/2016

www.ingramcontent.com/pod-product-compliance
Lightning Source LLC
Chambersburg PA
CBHW052249220526
45471CB00001B/253